以圣甲虫为代表的一些鞘翅目甲虫

外形奇特、广受欢迎的锹形虫

美丽而又危害植物的吉丁虫

中华剑角蝗，中国常见的蝗虫种类

绿蚱蜢

蝗虫

蝉

蜈蚣

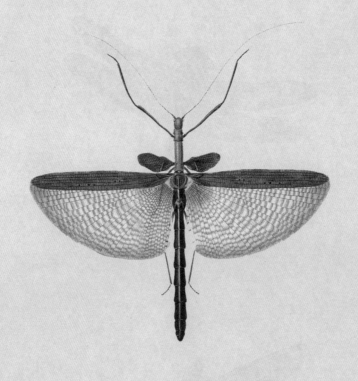

昆虫界著名的伪装大师竹节虫，收拢翅膀后，可
以很好地伪装成竹节或树枝等

蜻蜓

捕食中的蜻蜓

很多螳螂具有拟态能力，如伪装成枯叶、兰花等

不同种类的螳螂

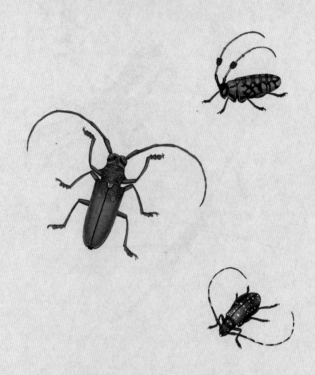

形形色色的天牛

长鼻蜡蝉（龙眼鸡），是蜡蝉科的代表性昆虫，与蝉、蚜虫等同属同翅目昆虫，会用它们形状特殊的嘴插入植物吸食汁液

昆虫是食物链的重要组成
部分，很多鸟类都以昆虫
为食，如啄木鸟

为了躲避鸟类捕食，很多昆虫进化出特殊外形
或机能，如伪装成植物、翅膀上有眼睛般的斑
纹，还有一些可以放出臭气驱赶鸟类等

除了被鸟类捕食，一些昆虫与部分小型

鸟类也存在竞争关系，如都以花蜜为食

乌桕大蚕蛾，世界上最大的蛾类之一

形形色色的蛾类

火鸡，法布尔的实验素材之一

翠鸟，法布尔的实验素材之一

飞翔能力出众的蛾类——天蛾

形形色色的椿科昆虫，椿科属于同翅目昆虫，也是常见的害虫

蝴蝶被称为"飞行的花朵""大自然的舞姬",种类繁多而又千姿百态

采食花蜜的蝴蝶

部分习性近似蝴蝶的蛾类——蝶蛾

蛱蝶

闪蝶

眼环蝶

粉蝶

凤蝶是蝴蝶中最具观赏性的一大类

凤蝶的命名是源于这类异常美丽的蝴蝶
的后翅上多半会有形似尾巴的突起，让
人们想起传说中的凤凰那艳丽的尾羽

凤蝶常以黑、黄、白色为基调，饰有红、蓝、绿、黄等色彩的斑纹，非常美丽

三种形态各异的凤蝶

分布在南亚与东南亚地区的两种凤蝶

翠凤蝶

栖息在月季上的翼凤蝶

著名的天堂凤蝶

与艳丽花朵相映成趣的凤蝶

万榕

传播新知 优美表达

昆虫记

[法] 法布尔 著

陈筱卿 译

北方联合出版传媒(集团)股份有限公司

万卷出版有限责任公司

ⓒ 法布尔 2022

图书在版编目（CIP）数据

昆虫记/(法)法布尔著;陈筱卿译.— 沈阳：
万卷出版有限责任公司, 2022.9
ISBN 978-7-5470-6001-8

Ⅰ.①昆… Ⅱ.①法… ②陈… Ⅲ.①昆虫学－普及
读物 Ⅳ.①Q96-49

中国版本图书馆CIP数据核字（2022）第079943号

出 品 人：王维良
出版发行：北方联合出版传媒（集团）股份有限公司
　　　　　万卷出版有限责任公司
　　　　　（地址：沈阳市和平区十一纬路29号　邮编：110003）
印 刷 者：北京君达艺彩科技发展有限公司
经 销 者：全国新华书店
幅面尺寸：145mm×210mm
字　　数：152千字
印　　张：8.75
出版时间：2022年9月第1版
印刷时间：2022年9月第1次印刷
选题策划：王会鹏
责任编辑：李　明
责任校对：高　辉
版式设计：任展志
封面设计：任展志
ISBN 978-7-5470-6001-8
定　　价：39.80元
联系电话：024-23224081
邮购热线：024-23224481

常年法律顾问：王　伟　版权所有　侵权必究　举报电话：024-23284090

目 录

译本序

19世纪末到20世纪初，在法国，一位昆虫学家的一本令人耳目一新的书出版了。全书共10卷，长达二三百万字。该书一出版，便立即成为畅销书。该书书名按照法文直译应为《昆虫学回忆录》，但被简单通俗地称之为《昆虫记》。该书出版之后，好评如潮。法国著名戏剧家埃德蒙·罗斯丹称赞该书作者时称："这个大学者像哲学家一般去思考，像艺术家一般地去观察，像诗人一般地去感受和表达。"法国20世纪初的著名作家、《约翰·克利斯朵夫》的作者罗曼·罗兰称赞道："他观察之热情耐心、细致入微，令我钦佩，他的书堪称艺术杰作。我几年前就读过他的书，非常喜欢。"英国生物学家达尔文夸赞道："他是无与伦比的观察家。"中国的周作人也说："见到这位'科学诗人'的著作，不禁引起旧事，羡慕有这种好书看的别国少年，也希望中国有人来做这翻译编纂的事业。"鲁迅先生早在"五四"以前就已经提到过《昆虫记》这本书，想必他看的是日文版。当时法国和国际学术界称赞该书作者为"动物心理学的创始人"。总之，这是一本根据对昆虫的习性、昆虫的生活进行详尽而真实的观察写成的不可多得的一本书。书中所记述的昆虫的习性、生活等等各方面的情况真实可信，而且，作者描述起这些昆虫来文笔精练、清晰。因此，该书被人们冠之以"昆虫的史诗"之美称，作者也被赞誉为"昆虫的维吉尔"。

该书作者就是让－亨利·法布尔（1823—1915）。他出身贫苦，一生刻苦勤奋，锐意进取，自学成才，用12年的时间先后获得业士、双学士和博士学位。但是，他的这种奋发向上并未获得法国教育界、科学界的权威们的认可，以致一直梦想着能执大学教鞭的法布尔终不能遂其心愿，只好屈就中学的教职，以微薄的薪酬维持一家七口的生活。但法布尔并未因此而气馁消沉，除了兢兢业业地教好书，完成好本职工作以外，他还利用业余时间对各种各样的昆虫进行细心的观察研究。他的那股钻劲儿、韧劲儿、孜孜不倦劲儿，简直到了废寝忘食的程度。他对昆虫的那份好奇、那份爱，非常人所能理解。好在他的家人给予了他大力的支持，使他得以埋首于自己的观察研究之中。法布尔对昆虫的研究之深入细致，使他笔下的那些小虫子，一个个活灵活现，栩栩如生，充满着灵性，让人看了之后觉得它们着实可爱，就连一般人所讨厌的食粪虫，都让人觉得妙趣横生。

　　该书堪称鸿篇巨制，既可视为一部昆虫学的科普书籍，又可称之为描写昆虫的文学巨著，因而，在法布尔晚年时，他曾获得1910年诺贝尔文学奖的提名。《昆虫记》全集于1879年到1907年间陆续完成、发表，最后一版发表于1919年到1925年间。后来，该书便一再以选本的形式出版发行，冠名为《昆虫的习性》《昆虫的生活》《昆虫的漫步》等。由此可见，该书是多么受读者的欢迎。

　　我这个译本基本上是独立成篇的，读者既可以从头往下看，也可以根据目录，先挑选自己最感兴趣的昆虫去看。因此，我劝读者们不妨拨冗一读这本老少咸宜、国内外皆获好评的有趣的书，你一定会从中感觉到它的美妙、朴实、生动的。它既可以让你增加有关昆虫方面的知识，又可以让你从中了解作者的那种似散文诗般的语言的美妙。与此同时，你也会从字里行间看到法布尔的那种坚忍不拔，那种孜孜不倦的求知精神，那种不把事情弄个水落石出、明明白白绝不罢休的感人至深的科学态度和精神。

陈筱卿

圣甲虫

做窝筑巢、维护家庭，表现的是种种本能特性中最崇高的一种。鸟儿这灵巧的建筑师告诉了我们这一点；在本领方面更加多样化的昆虫也让我们见识了这一点。昆虫对我们说："母爱是本能的崇高灵感。"母爱旨在维护族类的长期繁衍，这是具有远胜于保护个体的更加厉害相关的大事，因此母爱在唤醒最迟钝的智力，使之高瞻远瞩。母爱远远高于神圣的源泉，不可思议的心智灵光便孕育其中，并会突然迸射而出，使我们顿悟一种避免失误的理性。母爱愈坚，本能愈优。

在这一方面最值得我们关注的是膜翅目昆虫，它们身上凝聚着最充分的母爱。它们所有的本能才干都倾注于为自己的子孙后代觅食谋屋。为了其复眼将永远看不到而其母爱之预见性深深知晓的家族繁衍，它们是种种拥有天赋才能的行家里手。

有的是棉织品和许多絮状物品的编织能手；有的是细叶片篓筐的能工巧匠；有的是泥瓦匠，建造泥土房间，并有砖石屋顶；有的是陶瓷行家，用黏土制作高档的尖底瓮、坛罐和大肚瓶；有的擅长挖掘，在湿热的地下建造神秘的地宫。它们掌握着成百上千种技艺，与我们人类所掌握的相仿，甚至有些还不为我们所知，而它们却在用于住房的建设。随即便得考虑将来的食物：一堆堆的蜜，一块块的花粉糕，精心制作的野味罐头……这类工程是专以保障家庭的未来为目的的，其中闪烁着在母爱的激励之下的本能的种种最高智慧的表现。

昆虫学范围内的其他一些昆虫，母爱一般来说都很浮皮潦草、敷衍塞责。几乎大多数的昆虫，只是把卵产在合适的地方就不管了，任由幼虫冒着危险和死亡去寻觅居所和食物。抚养如此马虎，才干有没有也就无所谓了。莱库古①把各种艺术统统从其共和国驱逐出去，他指责这些艺术是使人们萎靡不振、意志消沉的玩意儿。就这样，在以斯巴达方式养育的昆虫中，这些本能的高级灵感也就被去除掉了。母亲从温柔甜蜜的育婴中摆脱出来，那么一切特性中最最优秀的智能特性也就逐渐减弱，直至泯灭，因为的确是对于动物也好，对于人类也好，家庭是

---

① 莱库古：古代斯巴达共和国的著名立法者。

尽善尽美的源泉。

如果说对子孙后代关怀备至、体贴入微的膜翅目昆虫令我们赞叹不已，那么不顾后代死活、任其听天由命的其他昆虫相比之下就显得很不像话了。而所谓的其他昆虫则几乎是昆虫之全部，起码就我所知，在各地的动物志中，只见过第二个例子，这种昆虫为自己的家人准备食物和住所，比如采蜜的昆虫。

而奇怪的是，这类在细腻的母爱方面可与以花为食的蜂类相媲美的昆虫，竟然是以垃圾为对象，以净化被牲畜污染的草地为己任的食粪虫类。要想再找到不忘母亲职责又有丰富的母性本能的昆虫母亲，就必须离开芬芳四溢的花坛，转向大马路上被骡马拉下的粪堆。大自然中类似的两个极端比比皆是。对于大自然来说，人类观念上的丑和美、龌龊与干净算什么？大自然以污秽创造出鲜花；用一点点粪肥就能给我们创造出优质的麦粒。

各种食粪虫尽管成天与粪便打交道，但却享有一种美誉。它们的身材一般都小巧玲珑，穿戴庄重而且无可挑剔的光鲜，身子胖乎乎的，体型短而壮，额头和胸廓上都佩戴着奇异饰物，因此在收藏家的标本盒里显得光彩照人，尤其是法国的那些品种，乌黑油亮，还有一些热带的品种金光闪烁，黑紫油亮。

它们是畜群周围挥之不去的客人，但它们身上可散发出一种源自苯甲酸的微微香气，可以净化一下羊圈里的空气。它们那田园诗般的习性令昆虫分类词典的编纂者大为震惊，因此他们这些以前不怎么关心其痛痒的学者们，这回却改变了看法，对它们进行简介时也用上了一些听起来好听顺耳的名字：梅丽贝、迪蒂尔、阿墁达、科利冬、阿莱克西丝、莫普絮斯等。这些名字都是古代田园诗人们常用且叫响了的名字，维吉尔式的田园诗中的词汇已经用来赞颂食粪虫了。

　　牛粪堆儿上，瞧那个你争我夺的劲头儿呀！从全球各地蜂拥到加利福尼亚的淘金者也没有它们的那股狂热劲儿。在日头变得太毒之前，它们成百成百地奔来，大大小小，形状各异，体型有长有短，品种齐全，全都乱糟糟地爬来滚去，意欲在这个大蛋糕上为自己分上一份儿。有的在露天干活儿，在表层搜刮；有的钻进厚实的牛粪堆里，挖出地道，寻找优质矿脉；有的开凿底层，立即把财宝埋进地里；那些个头儿小又无力气的则待在一旁捡拾其身强力壮的合作者们掉下的渣渣屑屑什么的。有几个新来的想必是饿得不行，在原地就吃上了，但大多数则是想大捞一把，藏于安全之处，以备不时之需。当你想置身于百里香遍地的原野时，一点儿新鲜牛粪都见不到，突然来到这里，见到这么大堆大堆的宝物，那真是天赐之物呀，只有有福分的才有这么幸运。因此，它们便把今天这宝贵的财富小心谨慎地收藏起来。粪香四溢，方圆一公里都能闻到，食粪虫们闻讯纷纷赶来，抢夺、瓜分这些美味食品。有几个落在后面的又跑又飞地正忙着往前赶。

那个生怕到得太晚而向着粪堆一溜儿小跑的是哪一位？它那长长的爪子僵硬笨拙地倒腾着，仿佛其肚腹下面有一个机械在推动着似的；它的那对棕红色小触角大张开来，透着垂涎欲滴的焦急不安。它在拼命地赶，它赶到了，还撞倒了几位食客。它就是圣甲虫，一身墨黑，是食粪虫中个头儿最大又最有名气的一种。古埃及对它尊崇备至，把它视作长生不老的象征。它已入席，与其同桌的食友并肩战斗，其食友们正在用自己宽大的前爪心轻轻地拍打粪球，进行最后的加工，或者再往粪球上加上最后一层，然后抽身而去，回家安安心心地享用自己的劳动成果。我们来看一看那有名的粪球的一道道制作工序。

圣甲虫头部边缘是个帽子，宽大扁平，上有六个细尖齿，排成半圆。这就是它的挖掘和切割工具，是它的叉耙，可以用来撬起和抛撒无养分的植物纤维，把好东西耙在一起积聚起来。挑选食物就是这样进行的，因为对于这些精细的行家来说，什么好什么差它们是十分清楚的。如果圣甲虫是为自己寻找食物的，它们选个差不离儿的就行了，但如果是为了自己的孩子考虑的，那它们则会严格挑选，一丝不苟。

　　为解决自己的食物问题，圣甲虫并不挑剔，粗略地选一选就行了。它用带齿的头盔拱一拱，挑一挑，去除不需要的，然后把其他的归拢一下就得了。两条前腿一起用力地忙乎，其前腿是扁平的，弯成弓形，上有粗壮的纹脉，外侧配备着五个硬齿。假如需要用力，推开障碍物，在粪堆中的最厚实的部分清出一条道来，圣甲虫便用其带齿的前腿左扫右拨，再用齿耙用力一耙，便清出一个半圆形的空地来。场地清好之后，前腿还有另一种工作要做：把顶耙耙到的东西归拢在一起，弄到自己的肚腹下面的后面四只爪子之间去。后面这四只爪子生来就是为了做旋工工作的。这些足爪，尤其是那最后的一对，又细又长，微微弯曲呈弓形，顶端长有一个很锋利的尖爪。稍看上一眼就会知道它们酷似圆规，在其弧形支脚之间，环成一种球形，可测量球面，加工球形。它们的功用确实是加工粪球的。

　　食物一耙一耙地被耙到肚腹下面的四条腿中间，后腿再稍一用力，就把粪球的雏形按腿部曲线给挤压成了。然后，这雏形粪球不时地被四条后腿形成的两副圆规摇动、挤压，逐渐变小变实，再由肚腹加工，粪球的形状臻于完善。如果粪球表层太硬，有剥落的危险的话，如果某一部分纤维太多，无法旋的话，前腿就对不合适的地方进行再加工，它们用宽大的拍子轻轻拍打粪球，使得新添加的东西与原先的很紧实地合二为一，并把那些不易黏附的东西拍实在粪球上。

烈日当空，加工工作在紧张地进行之中，你可以看到活儿干得多么利索，让你肃然起敬。那活计如此这般地飞快地进行着：一开始是个小弹丸，现在变成了一粒核桃，不一会儿就有苹果一般大小了。我曾见过食量大的圣甲虫竟然旋出一个拳头大小的粪球，这肯定得花好几天的工夫。

储备的食物制作完毕，现在就得撤出混乱的战场，把食物运到合适的地方。这时候圣甲虫最令人惊奇的习性开始展现出来了。圣甲虫迫不及待地上路了；它用两条长后腿搂住粪球，而后腿尖端利爪则插入球体中去，当作旋转轴；它以中间的两条腿作为支撑，而以前腿带护臂甲的齿足作为杠杆，双足轮流地按压、躬身、低头、翘臀，倒退着运送粪球。后腿是这部机器的主要部件，它们在不停地运作；它们一来一回，变换着足爪，以调整轴心，让负载物保持平衡，在其一左一右交替推动之下，粪球往前滚动。这样一来，粪球表面各点都轮流地接触地面，使之不停地碾压，形状更加完美，而球面硬度因均匀地受压而趋于一致。

使劲儿呀！行了，它滚动了，它一定会被运到家的，当然少不了遇上困难。这个困难说来就来，但还不算严重：圣甲虫碰到了一个斜坡，沉重的粪球要顺着斜坡滚下去的，但是圣甲虫认准了自己的理儿，偏要横穿这条天然道，这可够大胆儿的，稍一失足，稍踩到一点碍事的沙子，就会失去平衡，前功尽弃了。果不其然，它脚下一出溜儿，粪球便滚到沟里去了；圣甲虫被滑落的粪球一带，弄了个仰面朝天，手脚乱蹬乱踢的。它终于翻转身来，追赶粪球。它的机器更加卖力地工作起来。——该当心点儿了，傻蛋儿；沿着沟底走，既省力又保险；沟底路好走，特别平坦；你不用太用力，粪球就能滚动向前的。——可是圣甲虫就是不听，它偏要再往那个对它来说是不祥之物的斜坡前进。也许再登高处对它来说是合适的。对此我无话可说，因为就身居高处的优越性而言，圣甲虫的看法比我的更有远见。——可你至少该走这条道呀，那是个缓坡，你很容易从那儿爬到顶上的。——它根本就不听，如果有什么很陡的、无法攀登的斜坡，那个顽固的家伙就偏偏选中它。于是，西绪福斯①的工作开始了。它小心翼翼地，一步一步地，艰难万分地往上滚动那巨大的粪球。它一直是倒退着在推动。我在寻思，它是运用何种稳定神功把这么个庞然大物稳定在斜坡上的。啊！稍微协调不好，它便白忙活半天了：粪球滚落下去，也将把它连带着摔下去了。然后，它又开始往上爬，不一会儿又摔了下去。它随即又往上爬，

---

① 西绪福斯是希腊神话中的一个暴君，死后受到惩罚，在地狱中把巨石往山上推，快到山顶时，巨石又滑下来，他只好永无休止地推着。

这一次走得挺好，艰难路段总算通过了，原来是一个禾本植物的根在作怪，让它摔下去好几次，这一次它谨慎地绕开了这个该死的根。再使一把力就到顶了，但要小心再小心啊。坡陡道艰，稍有不慎便前功尽弃。你瞧，脚踩在光滑的卵石上，一滑，粪球和圣甲虫一起连滚带翻地又滑掉下去了。可圣甲虫又开始往上爬，仍旧坚忍不拔，没有什么能使它气馁。十次、二十次地试着这总是失败的攀登，最后，它或者是以顽强的意志战胜了千难万险，或者是经过更加缜密的思考，承认自己先前做的是无谓的努力，它选择了平坦的路径，终于如愿以偿，完成了任务。

圣甲虫并非总是单独地运送那珍贵的粪球，它经常要找一位同伴相帮，或者说得更确切一些，是同伴主动跑来帮忙。一般情况下是这么干的：一个圣甲虫制成了粪球之后，便爬出纷乱熙攘的群体，倒退着推动自己的战利品离开工地，最晚赶来的那些圣甲虫有一个在它的身旁，刚开始在制作自己的粪球，便突然放下手中的活计，奔向滚动着的粪球，助那个幸运的拥有者一臂之力，后者似乎很乐意接受这种帮助。这之后，这两个同伴便联手干起活儿来。它俩争先恐后地努力把粪球往安全的地方运。在工地上是否果真有过协议，双方默许平分这块蛋糕？在一个揉制粪球时，另一个是否在挖掘富矿脉以提取原料，添加到共同的财富上去呢？我从未看到这种合作，我一直看到的只是每只圣甲虫都独自地在开采地点忙乎着自己的活计。因此，后来者是没有任何既定权益的。

那么，是否是异性间的一种合作，是一对圣甲虫在忙着成家立业？有一段时间，我确实这么想过。两只圣甲虫，一前一后，激情满怀地在一起推动着那沉重的粪球，这让我想起了以前有人手摇风琴唱着的歌：为了布置家什，咱们怎么办呀？——我们一起推酒桶，你在前来我在后。通过解剖，我便丢掉了这种恩爱夫妻场景的幻想。圣甲虫从外表上看去是分不出雌雄来的。因此我把两只一起运送粪球的圣甲虫拿来解剖，我发现它们往往是同一个性别的。

既无家庭共同体，也无劳动共同体。那么这种表面上的合伙儿存在的理由是什么呢？理由很简单，纯粹是想打劫。那个热心的同伴假借着帮一把手，其实是心怀叵测，一有机会便抢走粪球。把粪粒制成球既累人又要有耐心，如果能抢个现成的，或者至少强行入席，那可就合算得多了。如果主人没有警惕，帮忙者就可抢了粪球逃之夭夭；如果主人的警惕性很高，那就以自己也出了一份力而二人同席。这一手怎么都可获益，因此抢掠就成了收效最好的一种手段。有的就阴险狡猾地这么去干了，正如我刚才所说的那样：它们兴冲冲地去帮一位同伴，其实后者根本用不着它们帮忙，而且它们装着好心好意，实际上心里暗藏杀机。还有一些圣甲虫，也许更加大胆，更加相信自己的实力，干脆直奔主题，强行抢走他人的粪球。

这种抢劫行径无处不在。一只圣甲虫独自推动着自己通过努力劳动所获得的合法收益安静地离去了。另外一只，也不知是从哪里冒出来的，飞来抢夺，身子重重地落下，把被烟熏了似的翅膀收在鞘翅下面，然后挥起带锯齿的臂甲的背面扇倒粪球的主人，后者正在忙着推动粪球，根本就无招架之力。当受袭者拼命挣扎，重新站稳脚跟时，攻击者已经立于粪球高处，那是击退对手的最有利的位置。它把臂甲收回胸前，准备迎敌，以防不测。失窃者围着粪球转来转去，寻找有利的出击点；盗窃者则立于"城堡"顶上不停地转动，始终面对着失窃者。如果失窃者立起身来攀登，盗窃者便朝前者的背部猛地一击。如果进攻者不改变策略来收回失物的话，那防守者因占据"城堡"高处，必将一次次地挫败对手的进攻。这时，进攻者企图把城堡及其守卫一并推翻。粪球底部受到摇晃，开始缓缓滚动起来，盗窃者也随着滚动，但它想尽办法始终立于粪球顶上。它做到了，但并非始终如此。它在不停地急速跟着转动，使自己保持平衡。万一脚下一滑，优势没了，那就只好与对手短兵相接，双方身体对身体，胸部对胸部，你顶我撞开来。它们的爪子绞在一起，节肢缠绕，角盔相撞，发出金属锉磨的尖利之声。然后，把对手掀翻，挣脱开来的那一位便匆忙爬上粪球顶端，抢占有利地形。围困又开始了，忽而抢掠者被包围，忽而被抢者受包围，这全由肉搏时的胜败来决定。抢劫者无疑贼胆包天且敢于冒险，往往总是占据上风。因此，被抢劫者经过两次失败之后，便失去斗志，明智地回到粪堆去重新制作一个粪球。而那个抢劫得手者非常害怕已解除的险情会重新出现，便把抢掠来的粪球赶忙往自己觉得保险的地方推去。有时候，我还看见有第二个抢劫者突然出现，抢掠前一个窃贼的赃物。说心里话，我对它并不反感。

我徒劳无益地在寻思，那个把"财产即赃物"这个大胆的谬语狂言运用到圣甲虫的习俗中的普鲁东是何许人也？那个把"武力胜过权力"的野蛮法则在食粪虫中加以发扬光大的外交家是谁？由于手头缺少资料，我无法追本溯源地探清这些习以为常的抢劫行径，无法搞明白这种为了抢夺粪团而滥用武力的缘由，我所能肯定的只是抢劫与骗取是圣甲虫的惯用伎俩。这些运送粪球的昆虫相互间你抢我夺，毫无顾忌，我还真没有见过其他昆虫这么厚颜无耻地干过。干脆，我把这种昆虫心理方面的问题留给未来的观察者们去探索吧，我还是回过头来谈谈那两个合伙运送粪球的家伙。

尽管用词不甚贴切，我还是称那两个合作者为合伙运送者。

它们中一个是强行入伙，而另一个则也许是无可奈何地接受的，生怕会遇到更大的不测。它俩的相逢倒还算和气。合伙者到来之时，物主正一门心思在干自己的活儿；新来者似乎怀着最大的善意，立即投入工作。二人一推一拉，相互配合。物主占着主导位置，担当主角：它从粪球后面往前推，后腿朝上脑袋冲下。那个帮手则在前面，姿势与前者相反，脑袋朝上，带齿的双臂按在粪球上，长长的后腿撑着地。它俩一前一后把粪球夹在当中，粪球就这么滚动着。

它俩的配合并非总是很协调的，因为帮手背对路径，而物主的视线又被粪球遮挡住了。因此，事故频仍，摔个大马趴是常有的事，好在它们也泰然处之，摔倒了立即爬起来，仍旧是各就各位，各司其职。即使是在平地上，这种运输方式也是事倍功半的，因为二人的配合无法天衣无缝，其实只要在粪球后面的一个圣甲虫干活，也照样会干得很快，而且干得更利索。那个帮手虽然差点儿弄得无法运送，但在表现出自己的善良意愿之后，决定稍事休息，当然，它是不会放弃它已视作是自己的财产的那个宝贝粪球。摸过的粪球就是自己的粪球。但它也不会掉以轻心、贸然从事，否则对方会把它给晾在那儿。

它把腿收回到肚腹下面，身子贴在（可以说是嵌在）粪球上，与之浑然一体。粪球和这个贴在其表面的帮手在合法主人的推动下一起往前滚动着。粪球在它的身下，随着粪球的滚动，它忽而在上，忽而在下，忽而在左，忽而在右，它毫不在乎。它就是要帮忙帮到底，而且是默默无闻的。这种帮手真少见，让别人用车推着自己，还得要一份儿酬劳！这时，前方遇到一个大斜坡，它只好帮一把手了。行到陡坡上时，它当上了排头兵，只见它用自己那带齿的双臂猛拽住笨重的大粪球，而其同伴，那个物主则在下方拼命抵住，一点点地往上顶着。我看见这两个合伙者，就这样一个在上方拽着，一个在下方顶扛着，配合十分默契地往坡上爬着，如果没有二虫的通力合作，光靠一只虫是怎么也无法把粪球推上去的。但是，并非所有的虫在这一艰难时刻都会表现出同样的热情。有一些圣甲虫在攀爬斜坡这种必须通力合作才行的时刻，似乎根本没有看见有困难要克服似的。当倒霉的西绪福斯在拼了小命试图越过障碍时，另一位则高高在上，稳坐钓鱼台，与粪球一起滚下，一起滚上。

我们假定那只圣甲虫很幸运，找到了一个忠实的合伙者，或者更好一些，假定它在途中没有碰上不请自来的同类，那么，一切就绪，可以进行下一步了。地窖已挖好，是一个在松软泥土上挖的洞，通常是在沙地上挖，洞不深，拳头般大小，有一条细道与外界相通，细道大小正好够让粪球进入。粮食一入地窖，圣甲虫便躲在家里，用藏于角落里的杂物把地窖入口堵住。

大门一关，外面根本看不出这里下面有个宴会厅。大功告成，它高兴万分；宴会厅里全都登峰造极：餐桌上摆满了奢华食物；天花板遮挡住当空烈日，只让一丝温馨湿润的热气透进来；心平气静，环境幽暗，外面的蟋蟀合唱声阵阵，这一切都有助于肠胃功能的发挥。我神思恍惚，突然觉得自己在俯身于地窖门口，只觉得有海洋女神伽拉忒亚的歌剧中的那段著名唱段隐约传来："啊！周围的一切都在忙忙碌碌时，无所事事是多么美妙。"

谁敢去打扰这样的一个宴席上的那种怡然自得呀？但是，想探个究竟的欲望是使人什么事都干得出来的，而这种胆量，我就有过。我把我私闯民宅的情况记录在此。我看到光一个粪球几乎就把宴会厅塞满了；这奢华的食物下抵地板上顶天花板。一条狭小的通道把粪球与墙体隔开。食客就在通道上用餐，顶多是两位，经常是独自一人，肚子贴在餐桌上，背顶着墙壁。座位一旦选好，就不再挪动了，然后便放开嘴吃起来，没有一点小的争吵，那样会少吃上一口的；也不挑挑拣拣的，否则就会浪费食物。一切都得按先后次序，一丝不苟地穿肠过肚。看到它们如此虔诚尽心地围着粪球在吃，你会以为它们意识到自己在完成大地净化的工作，它们知道自己投身的是那种以粪肥培育鲜花的精细化学工程，鲜花让人赏心悦目，圣甲虫的鞘翅能点缀春意盎然的草坪。马牛羊尽管消化系统很完美，但它们的排泄物中仍留有未消化的残留物，而圣甲虫则把它们留下的那些残留物加以利用，为此，圣甲虫就必须具备一套完整的工具。果然，通过解剖我惊叹地发现它的肠道出奇地长，盘来绕去，使得进入的食物可以被慢慢地吸收，直至最后一个可以利用的颗粒被消化掉为止。因此，食草动物未能吸收的东西，食粪虫类昆虫的高效蒸馏器却可从中提取一些财富，而这些财富稍加处理，就变成了圣甲虫的墨黑的铠甲和其他食粪虫类昆虫的金黄色的和赤红色的胸甲。

不过，这种令人赞叹不已的垃圾处理工作得在最短的时间内完成，这是环境卫生所限定的。而圣甲虫就具有这种也许其他昆虫所没有的很强的消化能力。一旦食物进入地窖，圣甲虫便日夜不停地吃着，直到把食物消灭干净为止。当你有了一定的实践经验，把圣甲虫关在笼子里养是很容易的。我就是采用了这种办法获得了这些资料，这对著名的圣甲虫的高效消化功能的了解大有裨益。

整个粪球就这么一点一点地依次通过消化道，然后，圣甲虫隐士便爬出地面，寻找机遇，找到后，便再做粪球，一切就又重新开始了。

有一天，天气很热，闷热无风，这种氛围很适合我喂养的圣甲虫们大快朵颐。于是，我手里拿着表，守在一个露天进食者的面前仔细观察着，从早上八点一直盯到晚上八点。这只圣甲虫似乎遇上了一块颇对胃口的食物，整整十二个小时，它都没停止过咀嚼，始终待在餐桌前的同一个地点一动不动地吃个没完。晚上八点钟时，我最后看了它一次。只见它的胃口始终未减，那样子像刚开始吃时一样起劲儿。这宴席还持续了一段时间，直到整个食物被全部消灭干净为止。第二天，那只圣甲虫确实没再在那儿了，头一天大嚼个没完的那块食物只剩下点渣子了。

时针转了一圈还要多，这么长的一幕就是进餐，狼吞虎咽，精彩至极，但是，那消化的一幕则更是妙不可言。圣甲虫前头不停地吃，后头则不断地排泄，那已不再含营养成分的排泄物连成一条黑色细线，如同鞋匠的细蜡绳。它是边吃边排泄，足见其消化之神速。刚一开始咀嚼，它那拔丝机便运转起来，直到最后几口吃完之后，这机器才停止运转。那根细蜡绳从头到尾没有出现断头，始终挂在排泄口上，下面的则已盘成一堆，只要没有干透，则可以轻易展开来成为一条细长绳。

排泄的过程如同秒表一般精确。每隔一分钟，更精确地说是四十五秒，一小节排泄物便出来了，细绳则增长三四毫米。等细绳长到一定程度，我便把它截断，放在刻度尺上量量其长度。我测量的结果，十二小时内总长度为 2.88 米。晚上八点，我是提着灯最后一次去察看的，这之后，圣甲虫又继续吃，进餐与制绳工作又持续了一段时间，所以圣甲虫拉成的那根没有断头的细长绳总长约为 3 米。

知道了绳长及其直径，排泄物的体积很容易便能测算出来。而要测出圣甲虫的精确体积，同样也不难，只要把它放入有水的量筒，查看一下水位线即可。所获得的数据并非没有意义：这些数据告诉我们，圣甲虫一次连续十二个小时的进食竟消化掉几乎与自己的体积相等的食物。多么好的胃呀，而且消化能力又是这么强，消化速度又是这么快！一开始咀嚼，排泄物便立即被消化成细绳状，不停地拉长，直到进餐结束。在这台也许从不失业的蒸馏器里（除非加工的原料出现短缺），原料一进入，立即由胃囊进行加工，吸收殆尽，然后排出。这使我不由得想到，这么一座如此高效地清除垃圾的实验室在环境卫生方面是可以起点作用的。

圣甲虫的梨形粪球

一个年轻的牧羊人负责抽空替我观察圣甲虫的活动情况。六月下旬的一个星期日,他兴冲冲地跑来告诉我,他觉得此刻是研究圣甲虫的好机会,他说突然看见圣甲虫从地下爬出来,他便在它爬出来的地方翻找,在不很深的地方就发现了一个奇怪的东西,便给我带了来。

那玩意儿确实挺奇怪的,彻底地推翻了我原先以为了解了的那点情况。从形状上看,它就像个小小的梨子,大概熟过了头,色泽不新鲜了,变成了紫褐色。这个稀奇古怪的玩意儿,似乎是在车工车间加工出来的漂亮玩具,会是什么呢?是人工塑造而成的?是一个仿梨子制品供孩子玩的?我确实是这么以为的。孩子们围了过来,目不转睛地盯着这个漂亮玩意儿,都想拿走放进自己的玩具盒里。这玩意儿形状比玛瑙弹子更漂亮,比象牙球和杨木陀螺更让人喜爱。实际上，这玩意儿的材质并不显得上乘，但摸上去很硬实，且带有十分艺术性的曲线。这没有关系，反正在深入了解它之前，我是不会把这个从地下找到的小梨给孩子们当玩具的。

它真的是圣甲虫的杰作吗？它里面会有一个卵、一条幼虫？牧羊青年肯定地对我说有。他说他在挖的时候不小心把一只同样的小梨给弄碎了，里面就有一只白色的卵，像一个麦粒那么大。我不太相信他说的，因为他给我拿来的小梨与我所期待的粪球相去甚远。

剖开这个令人生疑的玩意儿，看看它里面有什么东西，这也许是冒失的：即使如牧羊青年好像认定的那样里面果真有虫卵，我这么把它剖开也许会影响里面胚胎的存活。再说，我在想，梨形与所有已知的情况是矛盾的，很可能是偶然造成的。谁知道日后会不会再遇上偶然的情况给我提供同样的东西呢？最好保持它的原样，静观情况的发展，特别是应去现场看个究竟。

第二天天一亮，牧羊青年已在那儿放羊了。我爬上山坡见到了他。山坡上的树木最近被砍光了，夏季的毒日头晒得人后脖子疼，好在还得两三个小时之后太阳才晒得到我们。清晨，凉风习习，羊群在牧羊犬的看管下静静地吃草，因此我和牧羊青年便一起搜寻起来。

很快就找到了一个圣甲虫的洞穴，上面新堆成一个鼹鼠丘，一眼就可认出来。我的同伴用力地挖起来。我把我的小铲子给了他，我那把小铲子又轻巧又结实，我每次外出都没忘记带上它，因为我见土就想挖一挖，怎么也改不了。我躺在地上，目不转睛，好仔细查看被挖开的洞穴内部的安排布置。牧羊青年用小铲子挖着，用没拿铲子的手把浮土弄掉。

我们成功了：一个洞穴打开了，只见那湿热的半张开的地洞里一只完美的梨形粪球待在那儿。是呀，说真格的，第一次看到圣甲虫妈妈的杰作，那印象之深刻，永远也无法抹去。即使我是挖掘古埃及的圣骨的考古学家，当我挖到某个法老的地下墓穴中的雕琢成绿宝石的圣虫，我也不会比这次更加激动不已的。啊！金光四射的真理突然被发现的快乐呀，什么快乐可与你相媲美！牧羊青年也高兴万分，他见我笑自己也笑，他看见我幸福欢快自己也喜形于色。

偶然的事不会重现，一件事不会一模一样地再现，一句古老的格言就是这么告诉我们的。我这已是第二次看到这种奇特的梨形粪球了。这种形状是正常的，不是例外？圣甲虫在地上滚动的那个类似这种球体的粪球是否并不存在？我们继续挖下去，再看看究竟是怎么回事。我们又找到了第二个洞穴。同第一个一样，里面也有一只梨形粪球。这两个玩意儿一模一样，简直像是一个模子里倒出来的。有一个细节颇有价值：在第二个洞里，在梨形粪球旁边，圣甲虫妈妈怜爱地紧搂着梨形粪球，想必是专心一意地在对它进行最后的加工，然后自己就永远地离开这个洞穴。一切疑惑都驱散了：我认识这个雕塑工，我了解它的杰作。

在上午剩下的时间里，我便只是对已知的这些情况进行充分的求证：在毒日头把我晒得受不了只好离开挖掘现场之前，我已拥有了一打形状相同、大小几乎一样的梨形粪球。有许多次我都发现有圣甲虫妈妈在洞穴深处的车间里。

最后，先提一下后来我所了解到的情况。在六月末到九月份的所有大热天里，我几乎每天都到圣甲虫经常出没的地方去探查，我用小铲子挖开一个个洞穴，获得了一些超乎我所能预期的资料。我从笼子里饲养的圣甲虫那儿又获得了另一些资料，这些资料真的也很宝贵，但与在田野里的自由空间中所获得的资料却无法比拟。不管怎么说，我挖掘过少说也不下一百来个洞穴，而且次次见到那种梨形粪球，但却从来没有，一次都没有见过圆圆的粪球，一次也没见到过书本上告诉我们的那种浑圆形状的粪球。

这个错误我以前也犯过，因为我非常相信大师们的金口玉言。以前，我在安格尔高原的研究没有任何结果，我在实验室进行饲养也可悲地以失败而告终，但我又一心想给青年读者们一个圣甲虫如何筑巢做窝的观点，所以就接受了传统的浑圆的粪球的荒谬说法，而且通过类比推理，用别的食粪虫的一点情况试着勾勒圣甲虫卵的外形，导致了不可饶恕的错误的出现。

现在，我们来详述一下这个真实的故事，并用我亲眼所见并且一再得以印证的事实作为依据。圣甲虫的地下窝巢在地面上一看便知，因为洞外有一堆浮土，似一个鼹鼠丘，是圣甲虫妈妈把洞中挖出的土推到洞外堆积而成的，以便留出一个洞来。这个鼹鼠丘下开着一个大约一分米深的洞，有一条或直或曲的水平通道从洞底通到可能有拳头般大小的宽敞大厅。这就是地下室，虫卵被食物包裹着，在离地面几寸的地下，由酷热的太阳烘烤慢慢孵化；这也是圣甲虫妈妈的宽敞车间，它可以在里面灵活自如地把未来的宝宝的面包揉制、加工成为梨形。

这个粪球面包躺倒时长轴线是水平方向的。其形状以及大小让人想到圣诞节时期的小梨子，色泽鲜艳，香气扑鼻，提前成熟，让孩子们爱不释手。梨形粪球的大小基本与那种梨差不太多。最大个儿的长四十五毫米，宽三十五毫米；最小个儿的长三十五毫米，宽二十八毫米。

梨形粪球的表面虽不像仿大理石那么光滑，却非常规则匀称。它原是十分松软的，宛如可塑性黏土，因为是刚做好的，但很快便因风干的缘故外层结起一层硬皮，用手指捏都捏不碎，比木头都硬。这层硬皮是一个保护层，使得隐于其中者避免与外界接触，可以极其安静地消受自己的食物。但是，如果连中间部分也都风干了，那就非常危险了。我们以后将有机会来谈被迫面对太硬的面包的幼虫的可怜处境。

圣甲虫面包铺加工的是什么样的面团呢？马牛骡是它的供货者吗？绝对不是。不过，我以前一直以为是的，而且每个看见它在一大堆普通牛粪中拼命收集，为己所用的人，也都会这么以为。它通常就在那儿揉制粪球，然后弄到沙土地下的某个隐蔽所去消受一番。

如果那种沾满草梗的粗糙面包只是为了自己吃的话，那没有什么问题，但如果是给它们的小宝宝们准备的，那就不行了。它必须去进行精加工，使之营养丰富且易于消化。它需要的是绵羊留下的美味，而不是干瘪的牛拉下的一地黑橄榄；绵羊留下的美味是在其不太干的肠子中逐渐形成、加工制作的单层硬饼干。这才是圣甲虫所要的材料、专门用于加工的面团。那不是马的那种无脂肪的粗纤维材料，而是腻滑而有黏性的均匀的物质，饱含着富于营养的汁液。这种材料因其黏性和腻滑而极为适于加工成为梨形艺术品，而且它又柔软可口，很符合新生儿的嫩弱的胃。在这么一个小小的梨形体中，幼虫将可以获得充足的营养。

这就是梨形食品为何如此之小的原因所在；它那么小，以致使我在看到圣甲虫妈妈正在制作梨形粪球之前，一直怀疑这新玩意儿究竟是什么尤物。我一直都没能从这么小的梨形粪球中看出那是圣甲虫幼虫的食粮，因为圣甲虫既贪馋且个头儿也挺大。

在这个形状独特新颖的大面包团里，虫卵在什么地方呀？大家自然而然地就会认为它在那圆圆的梨肚子的中心。这中心点是最安全的地方，不受外面的一切干扰，而且是恒温的。再者，新生幼虫无论从哪儿下口都能遇到厚厚的食物层，不会咬上几口就没有了。因为在它的周围全都是一样的结构，它也就用不着去挑选了；它随便把自己那嫩牙咬到哪儿，都会无忧无虑地继续津津有味地吃下去。

这种看法似乎非常有道理，以致我也跟着上当了。在我用小刀的刀锋一层一层地往梨肚子中心剥去，深信在中心点会找到虫卵时，却大出我意料，那儿根本就没有虫卵。梨中心非但不是空的，而且是实实的。那儿也是一堆质地均匀的食物。我的推断看上去似乎很合理，换了任何一位观察者也会与我持同样看法的，但是圣甲虫却有自己的主张。我们有我们的逻辑，还颇引以为豪；但圣甲虫也有自己的逻辑，而且在这一点上还远胜于我们。圣甲虫颇有远见，能预见会发生什么事情，所以便把卵下到别处去了。

到底下到哪儿去了呢？下到梨形粪球最细薄的部分，在最顶端的梨颈那儿。把梨颈纵向剖开，但须加倍小心，别弄坏了里面的东西。那儿挖有一洞，四壁光洁锃亮。这就是胚胎所在的圣龛，这就是孵化室。相对于圣甲虫妈妈的个头儿来说，虫卵算是挺大的了，它呈长椭圆形，白乎乎的，长约十毫米，宽有五毫米多。它同四壁之间有一层窄窄的间隔，与四壁都不紧贴，只是梨颈顶端的壁后，虫卵的头顶粘在上面而已。梨形粪球通常是水平躺放着的，除了头顶粘着的那一点以外，幼虫实际上是悬浮在空中，睡在这张最有弹性最热乎的空气床上。

现在，我们已清楚明白了。让我们来看看圣甲虫这么干的原因何在。让我们了解一下为什么是个梨形，这在昆虫的制作工艺中可是一种很奇特的形状。让我们来看看虫卵放在那么个奇怪的地方究竟有什么好处。

我知道，探究事情的原委和来龙去脉是非常繁难艰辛的。你可能会像是踏入流沙里去似的，因为那是个神秘的领域，变化多端，一不小心就会陷下去不能自拔。难道因为危险就放弃这种探索吗？为什么要放弃呀？

科学与我们手段之贫乏相比更显得其伟大辉煌，但是面对无穷的未知时又显得如此的可悲。它对于绝对的真理都知道些什么？它一无所知。世界只有在我们认识了它之后才使我们产生兴趣。认识不了，一切都变得枯燥乏味，混沌虚无。一大堆事实并非科学，那只不过是一篇索然寡味的目录而已。必须解读这篇目录，用心灵之火去使之化解开来；必须发挥思想和理想之光的作用；必须诠释其内涵。

让我们去攀登这个高峰，以解释圣甲虫的所作所为吧。也许我们可以把逻辑运用到圣甲虫身上去。不管怎么说，看到理性对我们的支配与本能对动物的支配如此绝妙地一致，是非常有趣的。

圣甲虫处于幼虫状态时有一个巨大的危险在威胁着它，那就是食物变干燥。幼虫生活于其间的地下洞穴的天花板是一层约一分米厚的土层。这极薄的一层土又如何能挡得住能把土烤焦的大热天的酷热呢？那酷热都能把砖坯烧硬了。所以幼虫的居室温度高极了，当我把手伸进去时，都感到有股子热气在往外冒。

食物至少得存放三四个星期，所以很有可能在卵孵化之前变干，甚至变得无法为幼虫食用。当幼虫那嫩牙咬不到原本是松软的面包而咬着硬得如石头般的硬皮时，可怜的幼虫将会饿死，而且确实有因饥饿而死亡的。我就发现过有不少八月烈日的牺牲者，它们早已把松软的食物吃了一个大洞，后来因啃不动剩下的太硬的食物而死在吃出的那个大洞中。粪球剩下的是一个厚厚的壳，像一只没有口的球形锅，可怜的幼虫在锅里被烤干瘪了。

在那个干硬得像石头似的厚壳中，幼虫即使变成了成虫也一样会饿死，因为它冲不破围城，逃不出来。关于幼虫的彻底解放我稍后还要论述，在此就不再就这一点多加赘述了。我们就只关心一下幼虫的悲惨处境吧。

我们说了，食物变干燥对于幼虫来说是致命的。我们见到的在厚壳中干死的幼虫就证明了这一点；下面要做的实验会更加明确地证实这一点。在七月份那筑巢做窝的季节里，我在一些硬纸盒或杉木盒里放了一打当天早上从产地挖到的梨形粪球。这些被密封起来的盒子被放在我实验室的暗处，那儿的气温与外面的气温一样。结果，没有一只盒子见到成果：要么是卵干瘪了，要么是幼虫孵化出来后很快就死去了。相反，在一些白铁盒或玻璃笼中，情况十分不错，全部存活。

这种差别原因何在？其实很简单，在七月份的高温天气里，硬纸板或杉木板隔热效果差，水分很快就蒸发掉，所以梨形粪球变干，幼虫便饿死了。而白铁盒或玻璃笼则相反，隔热效果好，水分不易蒸发，食物能保持松软，所以幼虫如同在出生地的洞穴中一样很好地成长。

圣甲虫有两种方法避免食物干燥。首先，它用它那宽臂的铠甲使劲地压紧压实梨形粪球的外层，弄成一层比中心更均匀、更密实的保护性外皮。如果我把一个用这种方法制作的食品罐头捏碎，那层外皮通常会一下子脱落，露出中心的内核来。这让我联想到一只核桃的壳儿和仁儿来。圣甲虫妈妈在按压时只涉及几毫米的表层，所以便出现了一个外壳。它并没往深处按压，这样中间的那个大内核也就分出来了。夏季最炎热的时候，为了让食物保鲜，家庭主妇会把面包放在密封的坛子里；而圣甲虫妈妈的做法有异曲同工之妙，它通过按压制成外壳，以保护里面的孩子们的食粮。

圣甲虫的所作所为远胜于此：它变成了一位几何学家，能够解决最小值的难题。在其他所有的条件完全相同的情况下，蒸发量显然与蒸发面积的大小成正比。因此，为了减少水分的丧失，就必须让食物的面积尽量地小；但又必须让这个最小的面积包含最大数量的营养物质，以便让幼虫吃饱吃好。那么，什么样的形状才能达到面积最小而体积又能达到要求呢？按几何学的原理，那就是球形。

圣甲虫因此便把幼虫的食粮加工成为球形，而梨颈暂时被忽略了；这种球形并非强加给圣甲虫一个必需的外形而盲目的机械条件下造成的结果；也不是在地上滚动而突然获得的成果。我们已经看见了，为了更方便、更快捷地把收集到的食物弄到别处去食用，圣甲虫把食物加工成球形，但又没有挪动它的位置。总之，我们已经承认这个球形在滚动之前就做成了。

同样，我们马上也可以确定，为幼虫准备的梨形粪球则是在洞底深处制作而成的。它没有滚动过，甚至都没有挪过窝儿。圣甲虫完全按照所需要的外形对它进行了加工，犹如泥塑艺人用拇指捏泥人一样。圣甲虫利用自己的工具也能制作出曲线不如梨形柔和的其他一些形状出来。譬如，它能制作较粗糙的圆柱体，那是粪金龟通常制作的香肠面包；它也能草率从事，让没有固定形状的粪块是什么样就什么样。如果草率从事，活儿就干得更快，它也就有更多的闲暇尽享阳光下的欢乐了。但是不然，圣甲虫专门选择制作梨形粪球，而这种形状要做得精确是十分不容易的。它制作这种繁难的梨形粪球，就像是它深知蒸发的规律以及几何学的规律似的。

现在剩下的是搞清楚梨颈的事了。它的功能、作用究竟是什么？答案显然是：有很大的作用。孵化室就在梨颈部位，卵就在其中。而所有的胚胎，无论是植物的还是动物的，都需要空气这个生命的原动力。为了让激发生机的空气这种助燃剂渗透进去，鸟的蛋壳上满是气孔。圣甲虫的梨形粪球类似于鸡蛋壳。

为了避免过快地干燥,梨形粪球的外壳被压实成一层很硬的外皮;它的营养核,也就是蛋黄、卵黄,是藏于外皮内的松软的球;它的透气室就是顶端的那个小屋,即梨颈上的那个小窝窝,里面的空气把胚胎团团围住。为了呼气吸气,有哪儿能比孵化室更好的?那儿位于尖角上,沐浴在空气中,气体可以透过薄薄的壁自由地渗进渗出。

空气和高温是最重要的条件,所以食粪虫中没有谁敢等闲视之。我们以后会有机会看到,食粪虫的食物块形状各异;除了梨形以外,根据制作者的种属不同,还有圆柱形、鸟蛋形、球形、尖顶形等;但是,虽说是形状各不相同,首要的一点却是永远不变的:卵待在紧靠表面的一间孵化室里,这是呼吸新鲜空气和吸热的最佳方法。在这种精巧艺术方面,圣甲虫制作的梨形粪球独占鳌头。

我前面刚提到过,圣甲虫这位一流的揉制工在揉制粪球时所表现出的逻辑性可与我们人类相媲美。就我们现在所知,我所做的实验就证明了这一点。但还有更好的证明。我们把下面这个问题让我们的科学加以阐释吧。胚胎是被包围在一大块食物中的,而因为干燥,这一大块食物会很快变得无法食用。如何加工这种食物块才好呢?为了容易呼吸到新鲜空气和吸收热量，把卵产在哪儿好呢？

所提问题中的第一个问题已经回答过了。我们从所获知识中得知，蒸发量是与蒸发表面的面积大小成正比的，所以食物应做成球状，因为球状体包含的物质最多而表面面积又最小。至于虫卵，既然需要一个保护套加以保护，免得有任何伤害性的接触，就必须把它放置在一个薄的圆柱形套子里，再让套子立在球体上方。

这样，必需的条件就得以满足了；制作成球状的食物可以保持新鲜；由一个圆柱形薄套保护着的卵可以通畅地呼吸新鲜空气和吸收热量。这必需的条件虽然满足了，但那形状却太难看。讲实用就顾不上美了。

一个艺术家把我们推理得来的粗糙作品进行了加工。它把圆柱形修改成半椭圆形，显得优美雅致得多；它又在这个球体上加工出一个精巧的曲面，仍与球体连接在一起，这就变成了一个梨形，变成了一个带颈的葫芦。这样一来，这就是一件艺术品了，非常漂亮。

圣甲虫所做的正是美学要求我们做的。它是不是也有一种审美观？它知道自己制作的梨形很美吗？它肯定是看不出梨形之美的；它是在地下漆黑一片的环境中制作的。但是它摸得出来。尽管它的触觉不值得一提，而且身披粗糙的角质外壳，但

不管怎么说，对自己精心揉制出来的外形轮廓是不会没有感
觉的！

圣甲虫的造型术

　　圣甲虫是如何制作那饱含着慈母之爱的梨形粪球的？首先可以肯定的是，这绝不是在地上通过滚动制作而成的，因为它的形状从各个方面看都是无法向前滚动的。就算那梨形葫芦的下部可以滚动的话，但是那个椭圆形凸出来的梨颈里面可是个孵化室呀！这个精巧的杰作也不可能是猛烈撞击的结果。它如同首饰匠的首饰一样，是不可能让铁匠放在铁砧上捶打出来的。我同意其他的一些已经提及的十分明显的原因，但愿梨形粪球的形状将永远把我们从那认为卵是放在一个摇来晃去的粪球里的陈旧看法中摆脱出来。

　　为了自己的杰作，圣甲虫这个雕塑家与真正的雕塑家们一样，关起门来潜心制作。它藏在自己的洞穴中，专心加工被它运入洞中的粪料。在对待粪料的方法上有两种情况：一种是在粪堆里按照我们已知的那种办法选取优质食材，就地揉制成小球，搓成圆形后再滚动它。如果只是为解决自己的口粮问题，它肯定就这么做了。如果它认为粪球体积过大，又不适宜就地挖洞，它便滚动着这个大家伙上路。它毫无目的地走着，直到找到一个合适的地点为止。路途中，粪球不会越滚越圆，但表面那一层会稍稍变硬，沾上一些泥土和细沙粒。这层沾上土和沙的表层是其跋涉之远近的真实记录。这一点很重要，我们一会儿会用得上的。

还有一种情况是，在它从中选取粪料的粪堆附近就很适合挖洞。那地方没什么石头，很容易挖洞。这样就无须长途跋涉，也就用不着滚动粪球了。羊那松软的粪便被收集起来，原样储存，放进车间，需要时再切成小块加工。

这种情况通常并不多见，因为地面粗糙，石头太多。轻易就可以挖洞的地点零零星星，圣甲虫不得不身负重荷四处寻觅。不过，我的笼子里铺的一层土是过过筛子的，挖洞就极其容易，每一处都可以挖洞造巢，因此，圣甲虫妈妈为产卵而劳作时，只要把附近的粪块弄到地下去就行了，用不着先把粪块弄成个什么固定的形状。

这种无须事先揉成粪球再运输储存的方法无论是在野地里还是在我的笼子中，其最后的结果都非常令人惊讶。头一天，我看见一块没有形状的粪料消失在地下，第二天或第三天，我查看了它的车间，发现艺术家正面对自己的杰作哩。当初的不成形的粪块，被一块块抱进洞中的碎块，已经变成了形状完美、无可挑剔的梨形粪球了。

这件艺术品身上有着其艺术家的印记，立于洞底地上的那一部分沾着少许的泥土，其余部分都很光滑。在圣甲虫制作梨形粪球时，由于粪球自身的重量与圣甲虫的轻轻拍打，仍很松软的梨形粪球接触地面的那一面就沾上了点泥土，而其他的大部分面积则保持了圣甲虫精心加工所给予它的精细完美。

这些仔细观察到的细节的结论是显而易见的：梨形粪球不是旋转制作而成的；它不是圣甲虫在宽敞车间的地上经过滚动获得的，如果是那样的话，它就应该到处都沾上了泥土才对。另外，它那凸起的颈部也排除了这种制作方法的可能性。它甚至都没有从一头翻转到另一头；它朝上的一面一点儿泥土都没有沾，这就是有力的证据。圣甲虫没有移动也没有翻转，就在它所在的地方原地对梨形粪球进行了加工制作；它用它那宽臂轻轻地拍打梨形粪球，正如我们在露天地里看见它制作时的那样。

现在我们回过头来说说田野里的通常情况。这时候，粪球是从远处运来拖进洞穴里去的，整个表面全都沾满了泥土。圣甲虫将如何处理这只粪球？粪球上已经显现出未来梨形粪球的下部来了。我如果只想求得答案而不考虑曾经使用过的方法的话，这答案是很容易得到的：只要在洞中连同其小粪球一起抓住圣甲虫妈妈，把它和小粪球全都弄到我的实验室里，进行仔细观察，研究进展情况就可以了，而这种事我干过许多次。

我用一只短颈大口瓶装满筛过的湿润的土，并把土夯实到需要的程度。然后，我把圣甲虫妈妈及其紧搂住的宝贝粪球放在我制造的土层表面。我把大口瓶放在半明半暗的地方之后，等待着。我的耐心并未受到太久的考验。圣甲虫因卵巢的活计所迫，便重新开始了被我打断了的工作。在某些情况下，我看见圣甲虫一直待在地面上，把粪球打碎敲破，弄得粪渣满地皆是。这根本不是因为圣甲虫被捉住，成了俘虏的绝望之举，恍惚之中把宝贝粪球给毁坏掉。它那是明智的合乎卫生要求的举动。对在一些疯狂的争抢者中间匆忙弄到的粪球进行仔细的检查往往是必要的，因为在强盗们中间，就在收获地点进行翻检并不总是很合适的。粪球有可能裹进一些小蜣螂、蜉金龟什么的，因为忙着拼抢而顾不上仔细挑拣。

这些无意间闯入其间的入侵者非常自在地待在粪球里，将来会与合法的消费者争食未来的梨形粪球的。必须把这帮馋虫从粪球中清除出去。

因此，圣甲虫妈妈便把粪球打碎，变成碎屑，仔细搜查。

然后，再重新把粪渣聚拢，粪球又做好了，这时表面已无泥土了。于是圣甲虫把它拖入地下，把它加工制作成为除支撑的那一面而外无泥土的梨形粪球。

但更常见的是，粪球被圣甲虫妈妈原样埋入地下，如同我从洞中把它挖出来时那样，外层很粗糙，这是因为圣甲虫妈妈把它从收集点一路滚动，直至理想的加工点所造成的。在这种情况下，我在大口瓶底看见的是已成为梨形的粪球，外壳很粗糙，表面嵌满了沿途沾上的泥土和沙子，足见梨形粪球并不要求从里到外进行全面的加工改造，而是通过简单的按压，拉出梨颈就成了。

在绝大多数情况之下，一切都是这样正常发展的。我在田野里挖出来的梨形粪球几乎全都有一层硬痂，程度不同但都不很光滑。如果没有发现这硬痂是因长途运输所造成的，那便会以为这沾满土和沙的外壳是圣甲虫在地下制作时滚动粪球所致。我所看到的那几个罕见的光滑粪球，特别是我的笼子里挖出的那几个极其干净光洁的粪球，彻底地纠正了这一错误。这几个梨形粪球告诉我们，用就近收集的并且未成形便储存起来的粪料加工成梨形粪球必须彻底地塑造，而且根本就不是用滚动加工的方法；这几个梨形粪球还告诉我们，那些表层粗糙的梨形粪球并不是在车间里滚动时沾上泥土造成的，而纯粹是表明它们在地面进行了长途跋涉所致。亲眼观看梨形粪球的加工制作并非易事：那个在黑暗中干活儿的艺术家稍被光线照到，就坚决罢工。它需要漆黑一片才能进行雕塑；我则必须在有光亮时才能看到它。这两个条件不可能同时得到满足。不过，我们不妨试一试，断断续续地抓住那不能完全展露的真情实况。我采用了下面这个办法。

　　我还是用了先前的那个短颈大口瓶。我在瓶底铺了一层几指厚的土。为了弄一个我所必需的四壁透明的车间，我在土层上支起一个三脚架，有一分米高，我在其上放置一个与大口瓶瓶口直径相同的枞木盖板。这样装置好的玻璃壁板房就是圣甲虫干活儿的宽敞的地下室。枞木板边缘被切开一个小口，刚够圣甲虫及其粪球通过。最后，在枞木盖板上堆上一层尽可能厚的土。

　　在堆土时，盖板上的土有一部分会滑落，从所开缺口处漏到房间里去，形成一个宽宽的斜坡。这是我计划好的。当圣甲虫发现连接口之后便借助这一斜坡，下到我为之准备好的透明屋中去。当然，这个透明屋必须全黑之后它才会去。因此，我便用硬纸板做了一个上面封住口的套，把短颈大口瓶给罩上。这样一来，那间房间就全黑了，符合了圣甲虫的要求。我只要猛地拿起套来，我所要的光亮也就有了。

万事俱备，我便开始寻找带着自己的粪球宝宝刚退隐进天然洞穴中的圣甲虫妈妈。正如我所希望的，一个上午就全安排妥当了。我把那位圣甲虫妈妈及其粪球宝宝放在上层土的表面，并在大口瓶上罩上了纸套，然后便耐心地等待着。只要卵没安置好，圣甲虫妈妈便会执着地完成自己的工作，它将会为自己挖一个新的洞穴，并随时一点一点地把粪球往洞坑中拖；它将会穿过上面的那层不太厚的土；它将碰到枞木板盖的阻碍，这是与它多次在露天地里挖洞时遇到的阻挡去路的碎石一样的障碍；它将会探寻受阻的原因，并发现了那个缺口，于是它便从这个小门下到下面的小屋，小屋对它来说很宽敞，可以自由爬动，如同我刚才让它搬家前它所住的地下室一样。我就是这么推断的。但这一切都将需要时间去验证，而我觉得最好是一直等到第二天，以满足自己那急不可耐的好奇心。

到时候了，去看看。头一天我把实验室的门敞开着，因为门锁的一点点响动就会惊动我的那个疑心很重的劳作者，它会马上停下手中的活儿。为了减小动静，我进实验室前换上了一双软底拖鞋。我猛地一下掀去纸套。太好了！我的推断一点没错儿。

圣甲虫正待在玻璃车间里，我看见它正在忙活着，宽爪正放在梨形粪球的雏形上。但是，这突然地一亮，把它惊到了，一动不动的，仿佛僵住了似的。这种情况延续了几秒钟的工夫。然后，它转过身去，笨拙地往回爬上斜坡，想进到地道的黑暗的高处。我看了一眼它干的活儿，记下了其作品的形状、姿态、方位，然后又把纸套给套上，让里面全黑下来。如果想再做这种实验，就不能让这种突然袭击持续得太久。

我突然而短暂的窥探向我们透露了这项神秘工程的初步信息。一开始完全呈圆球形的粪球现在出现一个大鼓包，像个不太深的火山口。这件活计让我想起某些史前时期的瓦罐——只是这件活计的比例要小得多——圆肚，边口厚实，颈部有一圈小槽勒着，这个梨形粪球的雏形道出了圣甲虫的制作工艺，这工艺与不懂得陶车技术的原始社会工艺完全一样。

这可塑的粪球一侧被勾勒出一圈，挖出了一圈沟槽，那就是梨形粪球的颈部。这只粪球雏形还被拉伸出来一个又圆又钝的凸起，这凸起部分的中心部位被挤压过，粪料被挤压到周边去了，因而形成一个边缘不规则的火山口。这样，初步的活计就算结束了。

傍晚时分，我又悄无声息地突然再次探访。早上被惊扰的圣甲虫妈妈已经恢复常态，回到了自己的车间。现在又突然一片光明，它又一次受到惊吓，慌忙逃窜，奔到上面去躲藏起来。被我用亮光三番两次地折腾的可怜的圣甲虫妈妈逃到上面躲了起来，但却是满怀遗憾、极不甘心的。

　　它的活计有所进展。火山口变深了；厚实的边口消失了，变得细薄，收拢起来，伸长为梨颈。但是，粪球并没挪动过。它的姿态、方位完全是我先前记下的那样。接地的那一面仍旧在下面，仍在同一个点上；朝上的一面仍旧朝上；已成为梨颈的火山口依然在我的右边。由此可见，我原先的推断是完全正确的：粪球没有滚动；仅仅是加以挤压，然后揉制加工。

　　第二天，我进行了第三次探访。昨天还是半开着的袋状梨颈现已闭合了。卵产下了，工程也完工了，只须再进行一番全面磨光、修饰即可。我惊扰它时，圣甲虫妈妈想必正在做这种磨光、修饰工作，因为它是极其注意粪球的几何形完美的。

　　工程中最繁难的部分我给错过了。我大致看清楚了卵的孵化室是怎么建成的：围绕着初始阶段的火山口的凸出部分经爪子的按压后变小变薄了，然后伸长成开口处在逐渐缩小的口袋。到这时为止的活计还是可以给出满意的解答的。但是，当我想到圣甲虫的那些僵硬的工具，那让人联想到木偶动作的宽大锯齿状铠甲的生硬笨拙的动作的时候，卵将在其中孵化的那间小屋是怎么才能建得那么漂亮完美，我就解释不清楚了。

　　用这种挖矿石倒挺合适的粗糙工具，圣甲虫是怎么建成如育婴室般内部极其光洁的产卵房的？那锯齿极大、如同采石用的锯子的爪子，在从那口袋的狭窄口子伸进去时，是不是变得与刷子一般柔软了？为什么不可能呢？我们早就介绍过这种情况了，而圣甲虫的情况则又是在证明这一点：工具在能工巧匠的手里什么都能干。圣甲虫用自己所配备的随便什么工具都能发挥其专家的才能。它如同富兰克林所说的那种模范工人，能把刨子当锯子，能把锯子当刨子，怎么使唤都行。圣甲虫就用它刨土的那把大锯齿耙作抹刀和刷子用，把幼虫将要诞生在其中的小屋抹得溜光。

最后，还有一个有关这个孵化室的细节。在梨颈的顶端，有一处总是显得与众不同：有几根纤维竖立在那儿，可梨颈的其他地方全都细心地打磨光滑了。那儿是塞子，圣甲虫妈妈一产完卵便用这个塞子把那狭小的开口塞上；而这个塞子结构松散，说明没有被拍打按压，而其他地方全都仔细拍压过了，一点突出的纤维都没有。

为什么在其他地方圣甲虫都用爪子拍压实了而唯独顶端这儿偏偏来个例外呢？因为圣甲虫卵用其后端靠在这个塞子上，如果它受到挤压，被往后推去，这个塞子就会把此压力传导给胚胎，使胚胎有死去的危险。圣甲虫妈妈了解这一危险，便用一个没有拍压过的塞子封住口子，这样孵化室内的空气更加流通，而虫卵也避免受到挤拍所引起的震荡的危害。

粪金龟和公共卫生

食粪虫以成虫的形态完成一年的轮回，在来年春季的欢乐节日里由自己的子女们围在膝前，而且家里添丁进口，成员翻了一两番，这在昆虫的世界里肯定是无出其右的。蜜蜂这种本能方面的贵族，一旦蜜罐装满也就随即死去；另一位贵族——蝴蝶，虽非本能方面的贵族却是服饰华美的贵族，当它把自己那成团的卵固定在得天独厚之地后也随即离开人间；浑身披着铠甲的步甲虫在把自己的子孙后代撒放在乱石下之后，随即也命归黄泉了。

其他昆虫也是如此，除了那些群居的昆虫以外。群居昆虫的母亲能够独自或在仆从陪伴下幸存下来。规律是带普遍性的：昆虫天生是无父无母的孤儿。可我们要讲的这种情况却是一种意想不到的反常现象：卑贱的滚粪球工却逃过了那种扼杀高贵者的残酷规律。食粪虫尽享天年，成了长寿元老，而且鉴于其所做的贡献，它也确实当之无愧。

有一种公共卫生要求在最短的时间里把任何腐烂的东西全部清除干净。巴黎至今尚未解决它那可怕的垃圾问题，这迟早是对这座巨大城市而言生死攸关的问题。大家在寻思，这城市之光会不会有这么一天被土壤中饱含的腐烂物质散发出的臭气给熏得熄灭了。聚集着数百万人口的大都市虽拥有无尽的财力与智力但也无法解决的问题，一个小小的村庄却无须花钱、无须操心费力就给解决了。

大自然对乡村的清洁卫生倾注关怀，但对城市的舒适却漠然置之，虽说还谈不上是充满敌意。大自然为乡间田野创造了两类清洁工，它们是没有什么能使之厌烦倦怠、疲劳懒散的。第一类是苍蝇、葬尸虫、皮蠹、食尸虫类、阎甲虫，它们专司尸体分解。它们把尸体分割切碎，在自己的胃里把碎尸烂肉消化之后再还给生命。

一只鼹鼠被耕作的农具划破肚皮，它的业已发紫的脏腑把田间小径弄污；一条栖息在草地上的游蛇被行人踩死，这个蠢货还以为自己是除了祸害，干了好事；一只尚未长毛的雏鸟从窝里摔下，落在托着其窝的大树下面，可怜巴巴地摔成了肉酱；成千上万的这种残尸碎肉无处不在，如果不及时加以清理，其臭气将成为很大的公害。但我们也不必害怕：这种尸体一旦在某处出现，小收尸工们便立即赶到。它们随即对尸体进行处理，掏空内脏，吃得只剩下骨头，或者至少要把尸体弄得如同一具干尸。用不了二十四小时，死去的鼹鼠、游蛇、雏鸟等便没了踪影，环境卫生保持住了。

第二类清洁工也同样是热情饱满的。城市里为了清洁卫生而在厕所里用氨水消毒，其味极其难闻，农村里的厕所就用不着洒氨水。农民在需要独自一人待着时，一堵矮墙、一道藩篱、一丛荆棘即可避人耳目。无须赘言，你一定会知道此人在那里干什么。当你被一簇簇长生草、厚厚的苔藓以及其他一些美丽的东西装点的陈砖旧瓦所吸引，走近一堵好似为葡萄培土的矮墙边时，哇呀！在这如此美丽的隐蔽处跟前，那是一大摊什么玩意儿呀！你赶紧逃之夭夭，苔藓、长生草、青苔等等都不再吸引你了。你第二天再去原地看一看，那摊东西不见了，那块地方变得干净了：食粪虫来过这里。

防止屡屡出现的有碍观瞻的东西被人看到，对于这些勇士们来说，只是它们职责中最微不足道的了；它们肩负的是一项更崇高的使命。科学向我们证实，人类最可怕的种种灾祸都能在微生物中找到根源；微生物与霉菌相近，属于生物界的极边缘的物种。在流行病暴发期间，这些可怕的病原菌在动物的排泄物中大量地迅速繁殖。它们污染着空气和水这两种生命的第一要素；它们散布在我们的衣物、食物上，把疾病传播开来。凡是被这些病原菌污染了的东西统统都要用火烧掉，用消毒剂消灭掉，用土深埋掉。

为保险起见，绝不要让垃圾积存在地面上。垃圾是否无害？垃圾是否危险？虽然说不准，但最好还是把垃圾消除掉。早在微生物让我们明白这种处理是多么必要之前，古代的贤哲似乎就已经明白了这一点。东方民族比我们更容易受到传染病的危害，他们早已在这方面掌握了一些明确的规律。摩西① 虽然是古埃及这方面科学的传播者，自己的人民在阿拉伯沙漠中流浪的时候，他已经在法典中制定了处理的方法。他说道："为了解决自己的内急，你就走出营地，带上一根尖头棍子，在沙地上挖个坑，然后再用挖出的沙土把你的污秽物掩埋起来。"②

这种处理方法简单之中透着重大意义。可以相信，如果人们都能积极采取此类措施以及其他一些类似措施的话，欧洲也就不用在红海两岸设防以防堵瘟疫的蔓延。

普罗旺斯农民也像自己祖先中的一支阿拉伯人一样不注意

---

① 据《圣经·出埃及记》记载，摩西为公元前13世纪古代以色列人的领袖，率领在埃及的希伯来人返回故土。

② 参阅《摩西五经·经五》第23章第12节和第13节。——原作者注

卫生，根本不考虑这方面的险情。幸好，摩西训诫的忠实执行者——食粪虫在为此而辛勤劳作。消灭、掩埋带菌物质的全都是它。以色列人——有内急要解决便腰里别着一根尖头棍跑出营地，而食粪虫也随即赶到，还带着比以色列人的尖头棍更高级的挖掘工具。解手的人一走，它便立即挖出一个坑，把污秽物深埋掉，不再产生危害。

这帮掩埋工所搞的服务工作对于野外的环境卫生意义十分重大；而我们，这种净化工作的主要受益者，反而对这些小勇士有点鄙夷不屑，还用粗言恶语对待它们。做好事，不为人理解，反遭恶名，被石头砸死，被人用脚踩死。看来这已成了一定之规了。蟾蜍、刺猬、猫头鹰、蝙蝠，以及其他一些为我们服务的动物，就是明证，它们不祈求我们做什么，只是希望我们多少有点宽容心。

那些垃圾污物肆无忌惮地暴露在太阳地里，而保护我们免受其害的，在我们这一带，最英勇卓绝的卫士就是粪金龟。这并不是因为它们比其他的埋粪工更加勤快，而是因为它们有一副好的身子骨，能干苦活儿、累活儿。

再者，当需要稍稍恢复一下体力时，它们则喜欢对我们最恶心的污秽物下手。

我们附近有四种粪金龟在从事这项工作。有两种（突变粪金龟和野生粪金龟）比较罕见，我们也就不专门去观察、研究它们了；相反，另外两种（粪生粪金龟和伪善粪金龟）却十分常见。后两种粪金龟背部墨黑，胸前都穿着华美的衣服。看到专事淘粪的工人竟穿得如此漂亮，我不禁惊讶无语。粪生粪金龟面部下方像紫水晶般闪亮，而伪善粪金龟的面部下方则闪烁着黄铜的光芒。我笼子里喂养着的就是这两种粪金龟。

我们先来看看它们作为掩埋工都有哪些能耐。笼中一共有十二只，两种粪金龟混在一起。笼子里原先大量放置食物，这一次事先把所剩的吃食全部清除掉了。我想估算一下一只粪金龟一次能掩埋多少东西。日落时分，我把刚在我家门前拉了一摊的骡子的粪便放进笼子里去给那十二个囚徒。那摊粪便不算少，足可装上一篮子的。

第二天早晨，那摊骡粪全都埋于地下了。地上几乎一点也没有了，顶多有点碎渣渣什么的。我因此可以大致估算出：按每只粪金龟都干了同样的工作量计算，那它们每人掩埋了大约有一立方分米的粪便。如果我们想到它们那瘦小的身材，又要挖洞又要运物，那真叫人感叹：这可真像泰坦① 干的活儿呀。而且，这还仅仅用了一个夜晚而已。

---

① 希腊神话中的巨神族——天空之神乌拉诺斯和地神盖亚所生的子女，共十二人，六男六女。

　　它们存粮这么丰富，是不是就守着财富待在地下不出来了。绝不是这样的！现在正是大好时光。黄昏来临，宁静温馨，正是精神振奋、心情舒畅的时刻，正是去远处大路上寻物觅宝之时，因为路上正有牛羊群放牧归去。我的住客们离开了地窖，返身回到地上。我听见它们簌簌地在爬栅栏，冒失地撞到壁板上，黄昏时的这番热闹我是预料到的。我白天已经收集了与头一天一样丰盛的食物，正好拿来喂给它们。到了夜里，这些食物又都不见了踪影。第二天，地面又干干净净的了。只要夜色美好，只要我总有足够的东西满足这帮贪得无厌的敛财奴，那么这种情况就会永远继续下去。

　　尽管其食物异常丰富，粪金龟在日落时分还是会离开已储存的食物，在太阳的余晖中嬉戏，并去寻找新的开发工地。对于它来说，好像已得到的并不算什么，只有将要得到的才有价值。那么，每晚黄昏那美好时刻它所更新的粮食仓库，它到底用来干什么呢？很明显，粪金龟一夜之间是无法消费完这么丰盛的食物的。它储存的食物多得已不知如何处理；它只知积攒，却不完全利用；而且，它还总也不满足于自己那装满粮食的仓库，每晚还在拼死拼活地忙着往仓库里运送。

　　它随处建造粮仓，每天随便遇上哪座仓库便在那里弄些吃上一顿，吃不了的就几乎全部剩在那儿。从我笼子里喂养的粪金龟来看，它们那种掩埋工的本能要比作为消费者的食欲来得迫切。笼子里的地面在增高，我则不得不随时把它弄平。如果我把土堆挖开，我就会发现坑井中堆满了粪便，厚厚的，原封未动。原先的泥土已经变成了粪和土的结块，难以分开，如果我要继续观察而不致搞错，就得大加清理才行。

要想把结块中的粪便分离出来，总免不了有误差，不是分出来的多了，就是分出来的少了，与精确的量难以一致，但从我的观察中，有一点是明白无误的：粪金龟是热情似火的掩埋工，它们往地下运送的食物远远超过它们日常之所需。这样的一种掩埋工作是由一大群出力多少不一的合作者的劳动大军完成的，所以很显然，土壤的净化在很大的程度上得以实现，而且有这么一支辅助性的劳动大军在做出贡献，公共卫生的保持才能有望，这是值得庆幸的。

此外，植物以及因植物的连锁反应而连带的一大批生物也得益于这种掩埋工作。粪金龟埋到地下并于第二天抛弃的那些东西并未丢失，远未丧失其利用价值。世界的结算中什么也不会丢失的，清单的总数是守恒的。粪金龟埋起来的小块软粪便将会使周围的一簇禾本植物枝繁叶茂。一只绵羊路过这儿，把这丛青草吃掉。羊长肥，人就有了美味羊腿可以享受了。粪金龟的辛勤劳动给我们带来了一块美味肉块。

九、十月份，当头几场秋雨浸透土壤，圣甲虫得以打破出生的牢笼时，粪生粪金龟和伪善粪金龟开始建造自家住宅，这住宅建造得很简陋，有辱这些享有挖土工美称的勇士们。如果单纯是挖掘一个避难所以防冬季的严寒的话，粪金龟倒也不负其挖土工之美名：在井的深度、工程之完美和速度方面，没有谁可与之相提并论。在沙土地和不难挖掘的土地上，我曾发现一些坑洞，洞深竟达一米。还有的挖得更深，我因为没有耐心，再说工具也不凑手，也就没有去挖挖看究竟深有几许。这就是粪金龟，熟练的挖井工，无人可及的打洞者。如果天寒地冻，它会下到不用担心霜冻的地层。

但是，建造子孙住宅就是另一码事了。美好季节转瞬即逝；如果要给每只卵配备一个这样的地堡，那时间是来不及的。要挖掘一个深洞，粪金龟就必须把冬天来临之前的空闲时间全部用上，别无他法。要使避难所更加安全，它就得把心思全用在造房建屋上，暂时不能去干别的事情。可在产卵期间，这么辛勤的劳作是不可能的。时间过得很快。它得在四五个星期内给挺多的子女准备住的吃的，这就无法长时间地去挖深井了。

粪金龟为其幼虫挖的地洞并不比西班牙蜣螂和圣甲虫挖的深多少，尽管季节有所不同。就我在野地里所发现的所有地洞来看，也就是三分米左右，尽管那儿土很好挖，挖多深都没问题。

这种简陋的住处状如一段香肠或猪腊肠，长度不超过两分米。这段香肠几乎都是不规则的，有时弯曲，有时又多少有些凹凸不平。这种不完美的情况是由于石头地的高低起伏所导致的，粪金龟是直线和垂直的挖掘工，无法总是按照自己的艺术标准去挖掘。于是，与地道紧贴在一起的粮食也就很忠实地再现了其模具的不规则性。香肠底部是圆的，如同地洞底部一样。这圆圆的底部就是孵化室，这圆形的孵化室可以放下一个小榛子。因胚胎的需要，室的侧壁挺薄，空气能很容易地透进来。在孵化室内，我看到有一种带点绿的黏液在闪亮，那是疏松多孔的粪核的半流质形态，是粪金龟妈妈吐出来喂给新生幼儿的头一口食物。

卵就睡在这个圆圆的小窝里，与四周无任何接触。卵是白色的，呈拉长的椭圆形，与成虫的体积相比较，卵的体积够大的了。粪生粪金龟的卵长有七八毫米，宽有四毫米多，比其他粪金龟卵的体积要稍小一点。

昆虫的装死

　　我研究昆虫装死的情况时，第一个被我选中的是那个凶狠的剖腹杀手——大头黑步甲。让这种大头黑步甲动弹不了非常容易：我用手捏住它一会儿，再把它在手指间翻动几次就可以了。还有更加有效的办法：我捏住它，然后把手一松，让它跌落在桌子上，在不太高的高度下，让它摔这么几次，让它感到碰撞的震动，如果必要的话，就多让它摔几次，然后，让它背朝下，仰躺在桌子上。

　　大头黑步甲经这么一折腾，便一动不动，如死一般。它的爪子蜷缩在肚腹上，两条触须软塌塌地交叉在一起。两个钳子都张开着。在它的旁边放上一只表，这样，实验的起始与结束时间就可以准确地记录下来。这之后，只有等待，还得静下心来，耐心地等待着，因为它静止不动的时间是非常长的，让人等得心烦，没有耐心是成功不了的。

　　大头黑步甲的静止状态保持得很长，有时竟然长达五十分钟，一般情况之下，也得有二十分钟左右。如果不让它受到外界的影响，比如，这种实验正好是在盛夏酷暑时进行，我就把它用玻璃罩扣住，避开了大热天里的常客——苍蝇的骚扰，那么，它的静卧状态就是真正的完全的静止状态：无论是跗节①也好，触须也好，全都毫不颤动，看上去，它就像是僵死在桌子上了似的。

　　最后，这只看似死了的大头黑步甲复活了。前爪跗节开始在微微颤动，随即，所有的跗节全都颤动起来，触须、触角也跟着在慢慢地摇来摆去。这就证明它确实是复活了。腿脚随后也跟着乱划乱踢起来。它的身体在胸腹部的连接处稍稍弓起；接着重心落在头和背上；然后，它猛一用力，身子便翻转过来了。此刻，它便迈开小碎步，跑动起来，仿佛知道此处危险重重，必须逃离险地。假如我又把它抓住，它便又立刻装起死来。

　　我趁此机会又做了一次实验。刚刚复苏的大头黑步甲又一次静止不动了，依旧是背朝下地仰躺着。这一次，它装死的时间要比第一次来得长。当它再次苏醒时，我又进行了第三次同样

---

① 编者注：跗节是昆虫足部的末端。

的实验。随后，我又对它进行了第四次、第五次实验，一点喘息的机会都不留给它。它静卧的时间在逐渐地延长。根据我所记录下来的静卧时间，分别为十七分钟、二十分钟、二十五分钟、三十三分钟、五十分钟。我做了许多次类似的实验，虽然结果不完全相同，但基本上有着一个共同点：昆虫连续假死时，每一次的持续时间都不相同，长短不一。这个结果使我们得知，通常情况之下，如果实验连续多次进行的话，大头黑步甲会让自己假死的时间一次比一次长。这是不是说明它一次比一次更适应这种假死状态呢？这是不是说明它变得越来越狡猾，企图让敌人最后终于丧失了耐心？对此我一时无法得出定论，因为我对它的探究还很不够。要想探出它真的是在耍手腕，真的是在作假蒙人、蒙混过关，就必须采取一种非常聪明的试探方法，揭穿这个骗子的骗人招数。接受试验的大头黑步甲躺在桌子上。它能感觉得出自己身子下面压着的是一块坚硬的物体，想要向下挖掘，根本就不可能。挖掘一个地下隐蔽室，对于大头黑步甲来说简直是小菜一碟，因为它掌握着快捷强劲的挖掘工具。然而，自己身下却是一块硬东西，毫无挖掘的可能，所以它无可奈何，只能忍气吞声地静静地躺在那儿，一动不动，必要的话，它甚至可以坚持一小时。如果躺在沙土地上的话，它立即就能感觉到下面是松松散散的沙粒。在这种情况之下，它还会傻乎

乎地静静地躺着，不想法尽快逃之夭夭？难道它连扭动腰身都
不想？没有一点往沙土地里钻的意思？

　　我真的希望它会有所转变，产生逃跑的念头。但是，最后，
我知道自己的想法错了。无论我把它放在木头上、玻璃上、沙
土上，还是松软的泥土地上，它都不改变自己的战略战术。在
一片对它来说挖掘起来极其容易的地面上，它照样是静卧着不
动弹，同在坚硬物体上躺着时一模一样。

　　大头黑步甲对不同材质物体表面采取了同样的态度，并不
厚此薄彼，坚持一视同仁，这一点对我们的疑惑不解稍微地敞
开了一点门缝。接下来所发生的事情令这扇门大大地敞开来了。
接受试验的大头黑步甲躺在我的桌子上，离我很近，可以说是
就在我的眼皮子底下。我发现它的触角在半遮挡着它的视线，
但它的那两只贼亮的眼睛看见了我，它在盯着我，在观察着我。
面对着我这么个庞然大物，这个昆虫的视觉会有什么样的感
应呢？

　　我们就认为这个正盯着我的昆虫把我看作是欲加害于它的
敌人吧。

　　这样的话，只要我待在它的面前，这个生性多疑的昆虫就
会一动不动地躺着。如果它突然又恢复活动了，那它肯定是认
为已经把我耗得差不多了，让我已经完全失去了耐心。那么，

我还是先躲到一边去。既然它面前的这个庞然大物已经离开了，它也就用不着再装死，再耍这种花招也没什么意义了，所以，它就会立刻翻转身子，急急忙忙地溜之大吉。

我走出十步开外，到了大房间的另一头，隐蔽好，不弄出任何的动静。但是，我的这番谨慎小心的心思全都白费了，我的那只昆虫仍旧待在原地，没有一点动静，就这么静静待了好长好长的时间，跟我在它的近旁待的时间一样的长。

它真够狡猾的，想必它是发觉我仍旧待在这间房间里了，只是待在房间的另一头罢了。这也许是它的嗅觉在告诉它我并没有离去。一计不成，我另生一计。我把它用钟形罩给扣住，不让讨厌的苍蝇去骚扰它，然后，我便走出房间，到花园里去了。房间的门窗全都紧闭着，屋外的声音传不进去，屋内也没有什么会惊扰它的，总之，一切会令它感到惊恐的东西，全都远离了它。在这么安静而不受骚扰的环境中，它会有什么反应呢？

实验的结果是，假死的时间与平时完全一样，既未增加也未减少。二十分钟过去了的时候，我进屋里去查看了一下，四十分钟过去的时候，我又进屋里去查看了一番，但是，情况没有发生任何变化，它仍旧是仰面朝天，一动不动地原地躺着。

这之后，我又用几只虫子做了相同的实验，但其结果都很明确地证明，它们在装死的过程中，并没有任何令它们感到危险的东西存在，在它们的周围，既没有声音，又没有人或其他昆虫。在这种情况之下，它们仍然一动不动，那想必并不是在欺骗自己的敌人。这一点得到肯定之后，我便推测其中必然是另有原因的。

那它究竟为何采取这种特殊伎俩来保护自己呢？一个弱者、一个得不到保护的不惹是生非的昆虫，在必要之时，为了生存而采取一些诡计，这是可以理解的；但它可是一个浑身甲胄、崇尚武力的家伙，为什么要采取这种弱者的手段，对此我感到很难理解。在它所出没的势力范围内，它是打遍天下无敌手的。强悍的圣甲虫和蛇金龟，都是生性温和的昆虫，它们非但不会去骚扰它、欺侮它，相反，倒成了它食品储存室里的源源不断的藏品。

我又开始怀疑，是不是鸟儿对它构成了威胁？可是，它同其他类步甲的体质相同，身体里浸透着一股刺鼻恶心的气味，鸟类闻了是绝不敢把它吞到肚子里去的。再说，它白天都躲藏在洞穴里，根本就不到洞外来，谁也见不到它，谁也不会打它的歪主意。而到了天黑之后，它才爬出洞外，可夜里鸟归林，河边已无鸟儿的踪影了，它也就根本不存在有被鸟类一口啄到之虑。

这么一个对蛇金龟，有时也对圣甲虫进行残杀的刽子手，这么一个并没有谁敢碰它的可恶而凶残的家伙，怎么就一遇风吹草动便立刻装死呢？我百思不得其解。

我在这同一片的河边地带，发现了同时在此居住的抛光金龟，也叫光滑黑步甲的昆虫，它给了我以启迪。前面所说的大头黑步甲是个巨人，相比之下，现在所提到的同是这片河边的主人的抛光金龟就是个侏儒了。它们外形相似，同样是乌黑贼亮，同样是身披甲胄，同样是以打家劫舍为生。但是，相比之下算是侏儒的抛光金龟，虽然远不如其巨人同类个大力强，但它却并不懂得装死这个诡计。无论你怎么折腾它，把它背朝下放在桌子上，它会立即翻转过来，拔腿就跑。我每次试验它，也只能看到它背朝下静止不动个几秒钟而已。只有一次，我实在是把它折腾得够呛，它总算是假装死去地待了一刻钟。

这侏儒与巨人的情况怎么这么不同呀？巨人只要一被弄得仰面朝天，它就静止不动了，非要装死一个钟头之后才翻身逃走。强大的巨人采取的是懦夫的做法，而弱小的侏儒则是采取立即逃跑的做法，二者反差这么大，其原因究竟在哪里呢？

于是，我便试试危险情况会对它产生什么样的影响。当大头黑步甲背朝下腹朝上一动不动地静躺着的时候，我在想，让什么敌人出现在它的面前好呢？可我又想不出它的天敌是什么，只好找一种让它感到是个来犯者的昆虫。于是，我便想到嗡嗡叫的苍蝇了。

大热天里做实验，苍蝇嗡嗡地飞来飞去，真的是让人心里很烦。如果我不给大头黑步甲罩上钟形罩，我也不在它的身边守着，那么，讨厌的苍蝇肯定是会飞落在我的实验对象的身上，这样，苍蝇就会帮上忙了，可以替我探听一下装死的大头黑步甲的虚实了。

当苍蝇落在大头黑步甲身上，刚刚用自己的细爪挠了挠装死的它几下，它的跗节便有了微微颤动的反应，仿佛因直流电疗的轻微振荡而颤抖一样。如果这个不速之客只是路过，稍作停留，随即离去的话，那么，这细微的颤动反应很快便会消失；如果这位不速之客赖着不走，特别是，又在浸着唾液和溢流食物汁的嘴边活动的话，那么，受到折腾的大头黑步甲就会立即蹬腿踢脚，翻转身子，逃之夭夭。

它也许是觉得，在这么个不起眼的对手面前耍花招实在没有必要，有伤自尊。它重又翻转身子离去，是因为它明白眼前的这个骚扰者对自己并不构成什么威胁。看来，我们得另请高明，让一个力量强大、身材魁梧、使人望而生畏的讨厌昆虫来试探一下大头黑步甲了。正好，我喂养着一只天牛，爪子和大颚都十分厉害。天牛这种昆虫，我知道它是性情平和的，但大头黑步甲并不了解这个情况，因为在它所出没的河边地带，从来就没有出现过天牛这种大个儿昆虫。说实在的，看上去，天牛真的让蛮横的其他虫类望而生畏、退避三舍。对陌生者本来就存有的一种恐惧感，一定会让情况复杂起来的。

　　我用一根稻草秆儿把天牛引到大头黑步甲旁边。天牛刚把爪子放到静静地仰卧着的那个家伙的身上，它的跗节便立即颤动起来。如果天牛非但不把爪子挪开，还老在它的身上摸来挠去，甚至转而变成一种侵犯的姿态，那么，如死一般躺着的大头黑步甲便一下了翻转身了，仓皇地溜走。这情景，与双翅目昆虫[①]骚扰它时一模一样。危险就在眼前，再加上对陌生者所怀有的恐惧感，它当然会立即抛弃装死的骗术，逃命要紧。

　　我又做了一种实验，结果也颇让我感到欣慰。大头黑步甲仰躺在桌子上装死，我便用一件硬器物轻轻敲击桌腿，让桌子产生微微的颤动。但不能猛敲，免得桌子发生摇晃。我注意掌握力量的大小，让桌面产生的颤动仿佛是一种弹性物体所产生的颤动一样。用力过大，会惊动大头黑步甲，它就不会保持其僵死状态了。我每轻敲一下，它的跗节便蜷缩着颤动一会儿。

　　最后，我们再来看看光线对它所产生的影响。到目前为止，我的实验对象都是待在我书房那弱光环境中接受我的实验的，

———————————
① 编者注：双翅目是昆虫纲生物里的一类，常见的有苍蝇、蚊子、牛虻等。

并未接触到直射进来的太阳光。此刻，我书房的窗台已经洒满阳光。我要是把我的实验对象移到阳光充足的窗台上去，让这个静卧着一动不动的昆虫接触一下强光，它会有何反应呢？我刚往窗台这么一移，效果立即产生：大头黑步甲腾地翻转身子，拼命奔逃。

现在，真相大白了。吃尽苦头、被折腾得够呛的大头黑步甲，已经把自己的秘密吐露出来了。当苍蝇戏弄它，舔它粘有黏液的嘴唇，把它当作一具尸体，想吸尽所有可口的汁液的时候；当它眼前出现了那个让它望而生畏的天牛，爪子已经伸到它的腹部，像是要占有一个猎物的时候；当桌子发生轻微的震颤，它以为是大地传来的震颤，断定有敌人在自己的洞穴附近挖掘，将要来袭的时候；当强烈的阳光照射到它的身上，对自己的敌人十分有利，而对喜欢昏黑的它不利，以为自己的安全受到威胁的时候，它就会立即做出反应，抛弃装死的骗术，立即逃命。但是，当一种灾祸对它构成威胁的时候，它通常总是采取它那装死的惯技，以骗过敌人。所以说，装死是它的看家本领。

在我以上所提及的那种危在旦夕的时刻，我的实验对象是在战栗，而不是继续在装死。在这类危险之下，它已经是方寸大乱了，慌不择路地拼命逃遁。它那一贯的伎俩已经不见了踪影，确切地说，它根本就无计可施了。所以说，它的静止不动，并不是装出来的，而是它的一种真实状态。是它的复杂的神经紧张反应造成它一时间陷于动弹不得的状态之中。随便一种情况都会让它极度地紧张起来，随便一种情况都可以让它解除这种僵直状态，特别是受到阳光的照射。阳光是促发活力的无与伦比的强烈刺激。

　　我觉得，在受到震动后长时间保持静止状态之中方面，可以与大头黑步甲相提并论的是吉丁①中的一种，即烟黑吉丁。这种昆虫个头儿不小，浑身黑亮，胸甲上有白粉，喜欢在刺李树、杏树和山楂树上待着。在某些情况之下，你有可能发现它把爪子紧紧地收拢起来，触角耷拉着，仿佛僵死了一般，而且可以保持这种状态一个多小时。而在其他的情况之下，它总是一遇危险便迅速逃走；从表面上看，是气候因素在起作用，但我却并没明白气候到底暗暗地发生了什么变化。在这种情况之下，一般来说，我发现它僵直状态只是保持一两分钟而已。

　　烟黑吉丁在光线暗淡的地方一动不动，可我把它一移到充满阳光的窗台上，它立刻就恢复了活力。在强烈的阳光下只待几秒钟，它便把自己的一对鞘翅展开，作为杠杆，骨碌一下，就爬了起来，立刻就想飞走，好在我眼疾手快，一把便摁住了它，

_____

① 编者注：吉丁，俗称爆皮虫、锈皮虫，是对鞘翅目吉丁科昆虫的统称，基本都是害虫，但也是一类很美丽的甲虫，多数种类的体表有多重色彩的金属光泽，非常绚丽。

没让它逃掉。这是一见到强光就惊喜，晒着太阳就狂热的昆虫，一到午后炎热的时候，它便趴在刺李树上晒太阳，如痴如醉，快活极了。

看见它如此喜欢酷热，我立刻便产生一种想法：如果在它装死的时候，立刻给它降温，那它又会做出何种反应呢？我猜想它会延长其静止状态。但这种方法使不得，因为一旦降温，有越冬能力的昆虫可能会被冻得麻木，随即会进入冬眠状态。

我现在需要的不是烟黑吉丁的冬眠，而是要它保持充沛的活力。所以，我要让它处于徐缓的、有节制的降温状态，要让它像在相似的气候条件下一样，依然具备它平时那样的生命行为方式。于是，我动用了一种很合适的保冷材料——井水。我家的那口水井，夏季里，水温要比外面气温低十二摄氏度，清凉清凉的。我用惊扰的方法，把一只烟黑吉丁折腾得处于僵缩状态，然后，让它背朝下躺在一只小的大口瓶底上，再用盖子把瓶口盖紧盖严，放进一个装满冷水的小木桶里。为了使桶里的水保持低温，我不断地往桶里加井水。在加入新的井水时，我小心翼翼地先把原来桶内的井水一点一点地去掉，动作必须轻而又轻，否则便会惊动瓶子里的昆虫。结果十分理想，我并没白费心思。那只烟黑吉丁在水中的瓶子里待了五个小时，都没有动弹一下。五个小时可不算短，而且，如果我再这么实验下去，它可能还会坚持很长时间的。但是，五个小时已经很不错了，很能说明问题了，绝不要以为它这是在耍花招。毫无疑问，它此时此刻并不是在故意装死，而是进入了一种昏昏沉沉的麻木状态，因为我一开始把它折腾得只好以装死来对付，后来，降温的方法又给它带来一种超乎寻常的延长休眠状态的环境。

我对大头黑步甲也采取了这种井水降温法，但它的表现却不如烟黑吉丁，在低温下保持休眠状态的时间没有超过五十分钟。五十分钟不算稀奇，以往没有用降温法时，我也发现过大头黑步甲静卧过这么长时间的。

现在，我可以下结论说，吉丁类昆虫喜欢灼热的阳光，而大头黑步甲是夜游者，是地下居民。因此，在进行"冷水处理"时，吉丁与大头黑步甲的感受不尽相同。温度降低之后，怕冷的昆虫会惊魂不定，而习惯于地下阴凉环境的昆虫则不以为然。

我继续沿着降温这一思路进行了一些实验，但并未发现什么新的情况。我所看到的是，不同的昆虫在低温下保持休眠状态的时间之长短，取决于它们是追求阳光者还是喜欢阴暗者。现在，我再换一种方法来试一试看。

我往大口瓶里滴上几滴乙醚，让它挥发，然后，把同一天捉到的一只粪金龟和一只烟黑吉丁放进瓶里。不多一会儿，这两只试验品便不动弹了，它们被乙醚给麻痹了，进入了休眠状态。我赶紧把它们取了出来，背朝下放在正常的环境之中。

它俩的姿态与受到撞击和惊扰后的姿态一模一样。烟黑吉丁的六只足爪，很规则地收缩在胸前；粪金龟的足爪则是摊开来的，不规则地又开着。它们是死是活，一时还说不清楚。

其实，它们并没有死。两分钟后，粪金龟的跗节便开始抖动，口须在震颤，触角在缓缓地晃动。接着，前爪活动起来。又过了将近一刻钟，其他爪子也都乱摇动开来。因碰撞震动而进入静止状态的昆虫，很快就会采取动态姿态的。

但烟黑吉丁却如死一般地躺着，好长时间也不见它动弹，一开始，我真的以为它死了。半夜里，它恢复了常态，我是第二天才看到它已经像平时一样在活动了。我在乙醚尚未充分发挥效力之前，便及时地停止了这种实验，所以没有给烟黑吉丁造成致命的伤害。不过，乙醚在它身上所起的作用要比在粪金龟身上所起的作用严重得多。由此可见，对碰撞震动和降低温度比较敏感的昆虫，同样对乙醚所产生的作用很敏感。

敏感性上的这种微妙的差异，说明了为什么我用同样的撞击和手捏方法使两种昆虫处于静止不动状态之后，它们的表现会有这么大的区别。烟黑吉丁静卧姿态保持近一个小时，而粪金龟则只待了两分钟就在摇晃自己的足爪了。直到今天为止，我也只是在少有的情况之下，才见到粪金龟能坚持两分钟的静卧姿态。

　　烟黑吉丁体型大，且有坚硬的外壳在保护身体，它的外壳硬得连大头针和缝衣针都扎不透。既然如此，为什么它那么爱装死，而无坚硬外壳保护的小粪金龟却无须装死来保护自身呢？这种情况，在不少昆虫身上也都是存在的。各种昆虫当中，有些会长时间地一动不动，有的却坚持不了一会儿；仅仅依照接受实验的昆虫的外形、习性来预先判断其实验结果，是完全不可能的。譬如，烟黑吉丁一动不动的时间保持得很长，那么，就可以断定与它同属的昆虫，因其类别相同，就一定同烟黑吉丁的表现是一样的吗？我碰巧捉到了闪光吉丁和九星吉丁。我在对闪光吉丁做实验时，它硬是不听我的指挥。我把它背朝下地按住，它就拼命地抓我的手，抓住我捏着它的手指，只要让它的背一着地，它就立即翻过身来。而九星吉丁却不用费劲儿就能让它静卧着不动了，只是它装死的时间也太短了！顶多也就是四五分钟而已！

　　我在附近山间碎石下经常可以发现一种墨纹甲虫，身子很短小，且有一股怪味。它能持续一个多小时一动不动，可以与大头黑步甲相提并论了。不过，必须指出，在大多数情况之下，它只坚持几分钟的僵死状态，便立即恢复常态。昆虫能长时间地坚持一动不动，是不是它们喜欢暗黑的习性造成的？完全不是，我们看一看与墨纹甲虫同属一类的双星蛇纹甲虫就十分清楚了。双星蛇纹甲虫后背滚圆滚圆的，仰身翻倒后，立即便翻过身来。还有一种拟步行虫，脊背扁平，身体肥实，鞘翅因无中缝而无法帮它翻身，因此，静止不动，装死一两分钟之后，便在原地仰卧着拼命踢蹬、挣扎。

鞘翅目昆虫因腿短，迈不了大步，逃命时速度不快，因此，它应该比其他昆虫更加需要用装死来欺骗敌人，但实际上并非如此。我逐一地观察研究了叶甲虫、高背甲虫、食尸虫、克雷昂甲虫、碗背甲虫、金匠花金龟、重步甲、瓢虫等一系列昆虫，它们全都是静止几分钟，甚至几秒钟，便立即恢复了活力。还有不少种类的昆虫，根本就不采取装死这一招。总之，没有任何的昆虫指南可以让我们事先就能断定，某种昆虫喜欢装死，某种昆虫不太喜欢装死，某种昆虫干脆就拒绝装死。如果不经过实验就先下断言，那纯粹是一种主观臆测。

昆虫的"自杀"

人们不会去模仿自己根本就不认识的人，也不会假扮成自己所不了解的人，这一点是显而易见的。所以说，要想装死，就必须对死亡多少有点了解。

昆虫，或者更确切地说，动物，它们对有限的生命会有预感吗？它们会在自己那极其简单的脑子里思考生命终止这一可怕的问题吗？这种对生命的最后时刻所感到的惊恐不安，既是人所感到的最大痛苦，也是人之所以伟大的一个证明。命运卑微的动物就不存在这种不安。它们与意识模糊的小孩子一样，只享受现在，不考虑未来。它们摆脱了"人生苦短"的忧虑，生活在一种蒙昧无知的甜美的宁静状态之中。

少年时期，中学时代，我也是个淘气包。我常常与几个同学，放学之后，在回家的路上，到河边去摸那种很小的花鳅。鱼儿被我们抓到之后，拼命地挣扎，没有装死的样子。我们也常去抓鸟，鸟被抓到之后，吓得浑身哆嗦，但也没见它装死。可有一次，我看到火鸡（我们附近养火鸡的人家很多），我便突发奇想。我要折腾折腾火鸡。圣诞将至，它将成为大家节日的盘中餐了。我便把家中的一只火鸡的脑袋别在它的翅膀下面，一边用手摁住它，不让它动弹，一边从上往下慢慢地摇晃它两三分钟。奇怪的结果出现了。我的实验对象变成了一堆没有了生气的东西，它侧着身子倒在地上，任由我摆弄它。如果它那时而膨胀起来、时而瘪了下去的羽毛没有在显露出它仍然在呼吸的话，我还真的以为它已经死了。它确实像只死鸟。它把自己那变得凉冰冰、足趾蜷缩起来的爪子缩到肚腹下面，让人看着十分可怜。圣诞节平安夜，尚有几天才到，它就这么死了，那可就太早了点。但是，我白担心了。它醒了，站立起来，只是身子有点摇晃，站立不稳，而且尾巴耷拉着，没精打采的样子。但这种状况并未持续多久。不一会儿，它又恢复了常态，活蹦乱跳起来。

这种迷迷糊糊、昏昏沉沉、麻木迟钝的状态介于熟睡与死亡之间，持续的时间有长有短。我又多次用火鸡做过实验，每一次都出现这种适当间隔的静止状态，有时持续半个小时，有时则只持续几分钟。同昆虫一样，想要弄清楚原因，并非易事。后来，我又用珍珠鸡做了相同的实验。做得非常成功。它那昏昏沉沉、迷迷糊糊、麻木迟钝的状态持续了很长时间，以致我当时都有点忐忑不安了。它的羽毛不像火鸡那样，没有起伏，没有一点生命的迹象，我真的以为它已经给憋死了。我用脚轻轻地把它挪动了一下，但它却一点反应也没有。我又把它挪动了一下，只见它把脑袋从翅膀底下扭出来，站立住，平衡了一下身体，立刻便飞跳着逃走了。它那种麻木状态持续了半个钟头。

　　我后来又对母鸡、鸭子、鸽子、翠鸟进行了实验。母鸡、鸭子、鸽子麻木状态保持得较短，只有两分钟左右，而翠鸟则更加顽固，半睡半醒状态只有几秒钟。

　　我们还是关注昆虫吧。昆虫从静止不动状态恢复到活动状态，呈现出十分值得注意的特点。我们曾用乙醚对试验对象进行过实验，它们确实是被催眠了，一动不动。它们并不是在耍花招，这一点是毫无疑问的。它们真的是处于死亡的边缘。如果我不及时地把它们从散发着乙醚气味的大口瓶里弄出来，那它们永远不会从麻木状态中苏醒过来，最后必死无疑。

　　它们身上究竟是什么在预示它们生命的恢复呢？那就是：

它们脚上的跗节在微微颤动；触须在微微颤抖；触角在摇晃摆动。这就像是人一样，从酣睡中醒转来时，伸伸胳膊腿儿，打打哈欠揉揉眼睛。昆虫也是先摇动自己的那些细小的肢体末端和最活跃的器官，以示其知觉的恢复。

如果昆虫真的是在要花招施诡计的话，它又有什么必要去做这些细致的苏醒准备动作呢？危险一旦消除，或者被认为已经消除，它为什么不迅速站立起来，尽快逃脱，何必慢慢腾腾地做那些很不合适的假动作呢？它难道会狡猾到在最小的细节上也要假装复活不成！绝对不是这么一回事。这种看法是毫无道理的。脚上跗节的颤动，触须和触角的晃动，都明显地说明存在着一种真正的、即将消失的昏沉迷糊的状态，这种状态与乙醚麻醉所造成的后果相似，只是程度较轻而已。脚上跗节的颤动表明，被我折腾得动弹不了的实验对象，并不是民间传说或流行的理论所坚持的那样，说昆虫是在装死。它确确实实是被施行了催眠术。

经敲击物体引起的震动的影响，或者突然间遭受惊吓，昆虫便陷入一种迷迷糊糊、昏昏沉沉的麻木状态。这种状态就像是鸟儿把头埋在翅膀下面，原地晃晃悠悠地站立一会儿一样。对于我们人来说，突然看见恐怖的事情，我们会被惊呆，茫然不知所措，有时甚至因此而丧命。作为高等动物的人尚且如此，那么，反应极其敏锐的昆虫，其生理机能在遇到可怕事物的震慑惊吓时，叫它怎能承受得住，怎能不暂时就范呢？如果惊恐程度不太严重，昆虫在片刻的痉挛之后，很快就会恢复常态，惊恐症状也就随之得以缓解；如果惊恐程度很严重，它就会突然进入催眠状态，好长时间僵直不动。

昆虫根本就不知道死亡是怎么回事，它又怎么会装死呢？当然是不可能的。昆虫同样也不知道自杀是怎么回事，根本不知道自杀是用来立刻中止极其痛苦的状况的一种手段。据我所知，我还没见到过有什么动物自动剥夺自己生命的名副其实的自杀实例。感情色彩较浓的昆虫，有时会任凭苦恼去折磨自己，直至神形憔悴，这件事情倒是有的；但是，如同人类那样用匕首刺死自己，用小刀割断自己的喉咙等一些事，却从未见到过。

说到这儿，我倒是想起了蝎子自杀的事来。对于蝎子是否会自杀，众说纷纭，有人认为确有其事，有人则持否定态度。有人说，蝎子被一圈火围住之后，用带毒的螫针扎自己，直到自杀成功为止。这故事究竟有多少真实的成分？我们亲自来做个实验看看。

我所住的环境为我提供了便利的条件。我在几只大泥瓦罐里铺上一层沙土，再放上几片碎瓦片，养着一群怪模怪样的昆虫。我一直在企盼着它们向我提供一些有关昆虫习性方面的事实，但它们却不肯满足我的愿望。我养的是南方的那种大白蝎，一共有十二对。附近小山上阳光充足的沙土地带，有许多扁平的石条；每块石条下面都居住着一只蝎子，孤零零的，但这个可憎可恶的丑陋家伙却无处不在，多得不得了，恶名在外。

它的毒针到底有多厉害，我未亲身经历，所以也说不清楚。可是，我书房里就关着这群可怕的囚徒，总得与它们接触。需要去查看它们时，必然会有危险，所以我加倍地小心，注意避开它们的锋芒。既然我自己没有亲自尝到过它们的厉害，我便只好向别人求教。我让曾经被蝎子蜇过的人谈谈他们被蜇的体验。这些人主要是打柴的樵夫，他们长年在山上砍柴，难免会一不注意就被蝎子蜇上一下的。其中有一位曾经告诉我说："我吃完了午饭，靠在柴捆上打了个盹儿。突然间，一阵钻心剧痛把我给疼醒了。那滋味就好像是被烧红了的钢针给扎了一下似的。我赶紧伸手去摸，一把摁住了一个乱爬乱动的家伙。是只蝎子！它钻进了我的裤腿里去了，在我小腿肚子下边一点儿蜇了我一家伙。这只丑陋不堪的小怪物，足有人手指头那么长。喏，这么长，先生，这么长。"

这位老实忠厚的樵夫边说边比画着，还把自己那根长长的食指伸出来。手指长的蝎子我并不觉得有什么可惊奇的，因为我在野外捕捉昆虫时，时不时地也要碰到蝎子，比手指长的有的是。

"我还想继续干活儿，"那位忠厚的樵夫继续对我说道，"可我浑身直冒冷汗，眼瞅着那条腿渐渐地肿胀起来，肿得有这么粗，先生，这么粗。"

他比画着肿胀的腿。然后，又张开双手，空掐在小腿周围，比画成有一只小水桶那么粗的圈圈来。

"真的，有这么粗，先生，这么粗。我一步三挪，使出吃奶的劲儿，忍着剧痛，才回到家里，其实也只有四分之一里那么点儿路而已。小腿越肿越厉害，还在往上肿去。第二天，已经肿到这么老高的地方了。"

他用手指了指，告诉我已经肿到小腿窝儿那儿了。"真的，先生，整整三天，我下不了床，站不起来。我咬着牙关，拼命忍着，把肿腿跷到一把椅子上。敷了好几次碱末，总算把肿给消了下去，嗬，才恢复到现在这个样子。先生，您看。"

说完自己被蜇的经历之后，他也跟我讲述了另一个樵夫的故事。那人也被蝎子蜇了小腿下部。那个樵夫走出老远去砍柴，被蜇了之后，没有力气走回家去，走走便倒在了路边。后来，被几个过路人发现了，抱头的抱头，抱腰的抱腰，抱腿的抱腿，总算把他给送到了家里。"他们就像在抬死尸一样，先生。真的，就像抬死尸一样！"这位讲述者带着乡下人的风格在叙述着，说话时比画个没完，但我却并不觉得他夸张。人要是被蝎子蜇了，那疼痛确实是难以描述的。而蝎子要是被自己的同类蜇了一下，那它很快就支持不住了。对此，我有很大的发言权，因为我亲自做过多次的观察研究。

我从我的"动物园"里取出两只强壮的大蝎子，把它俩同时放进一个大口瓶的沙土底儿上。然后，我拿起一根稻草梗儿，去撩拨它们，激怒它们，并让它们住后倒退，最后，相互遭遇上。这两个受到骚扰的大家伙，本来就怒火中烧，仇人相见，分外眼红。这怒火是我给挑起来的，但看上去，它俩都把这挑衅的罪责算到了对方的头上。双方都把自己的防御武器——钳子举起，呈月牙儿形；钳口大张，顶着对方，不让对方靠近自己；两条蝎子尾巴你一下我一下地突然伸出，从背部上方向前刺去；毒囊不断地顶撞在一起，一小滴如清水般的毒汁挂在螫针的硬尖上。

格斗进行的时间并不长。其中的一个被另一个的毒针刺中，没过两三分钟，便站立不住，摇摇晃晃，倒在了地上。得胜者毫不客气，走上前去，平静如常地开始撕咬战败者的头胸前端，也就是撕咬我们想找到蝎子头却看到的只是个肚腹前口的地方。它一口一口慢慢地在撕咬，时间拖得很长。一连四五天，在残食同类尸体的战胜者一直没有停止过啃噬自己的同类。它要把战败者吃掉，其理由有一点是可以予以谅解的：这个行为对战胜者来说是正大光明的。

我从观察中掌握了真实的情况：蝎子的毒螫针能够使自己的同类即刻毙命。现在，我想谈一谈蝎子的自杀问题，也就是有人说过的那种自杀法。如果按人们所说，蝎子被一圈火炭围住，它便会用螫针蜇自己，最后，以自愿死亡来结束这失常的状态。如果真的是这样的话，那么，这对这种野性十足的昆虫来说，应该是一件很理想的事。现在，还是让我们来看一看吧。

我用烧红的木炭围成一个圆圈，把我养着的那只个头儿最大的蝎子置于圈中。风助火势，木炭越烧越旺。热浪滚滚，向圈中的蝎子袭去，灼热难耐，只见它一个劲地倒退着在火圈内打转。稍不注意，身体便被火苗灼了一下，它便左一闪右一躲，突然加快倒退，不顾方位地瞎冲瞎奔，免不了身体又不时地遭到火灼。它每次想逃出重围，都被狠狠地烧了一下。它变得狂躁不安。往前冲，被烧一下，往后退，又挨火灼一下，它进也不是退也不是，既绝望又愤怒。只见它怒气冲冲地挥舞着自己的长枪，再反卷成钩子，然后伸直，平放于地，接着便把长枪举起。它的动作迅疾而又章法不乱，简直让我眼花缭乱，惊叹不已。

现在，它该给自己一枪了，以便摆脱这进退维谷的境地。

谁知道，它竟突然一阵抽搐，然后便一动不动了，身体直直地平躺在地上。等了一会儿，仍不见它有所动作，像是完全僵直了。它真的死了？也许在它那让人眼花缭乱的狂舞中，有一剑刺中了自己，而我却没有看到。如果它真的是用自己的短剑刺中自己的身体，以自杀术得以解脱，那它肯定是死了。

但是，我心中总是存有疑惑。于是，我便用镊子把看上去已经死了的蝎子夹起来，放在一层清凉的沙子上面。一小时之后，这个看上去已无生命迹象的蝎子却突然复活了，与放进火圈中间之前一样的活泛，虎虎有生气。我又用第二只、第三只蝎子做了同样的实验。结果同第一只蝎子的情况完全一样：因绝望而发狂，突然间一动不动，像遭雷击似的瘫软地平躺在地上；放到清凉的沙子上时，又都突然生机勃发了。

由此可以断定，说蝎子会自杀的人，一定是被它那突然失去生命力的假象给蒙骗了；他们看见蝎子身陷火墙的高温之中，于绝望之中变得疯狂至极，浑身抽搐，猝然倒地，便以为它经过垂死挣扎，终于自杀身亡了。他们过早地得出一个错误的结论，以致让蝎子在火墙中活活地给烤焦了。如果他们不是那么轻信表面现象，早点把蝎子从火墙内取出，置于清凉的沙子上，那他们大概早就会发现，表面上看似死去了的蝎子会恢复生命活力，就会得出结论，蝎子根本就不知道什么叫自杀。

可以说，除了高级动物——人以外，任何具有生命的生物都不具有自愿结束生命的这种视死如归的精神力量。我们人，自以为具有很大的勇气和魄力从生活的苦难中自行解脱，把这种解脱视之为人的崇高特质，视之为一种可以进入沉思境界的优势，好像这是人优于其他动物的一种标志。然而，我们一旦真的把这种精神付诸行动，实际上则是一种懦弱的表现。

谁若是想走上自杀这条道的话，最好想一想中国的一位伟大的哲人——孔子在两千五百年前所说的话。这位中国哲人有一天在树林中遇到一个陌生男子，见他正往树杈上扔绳子做套，准备上吊，他便赶紧向那陌生人说了几句话。伟大的哲人说："哀莫大于心死。①哀皆可补，惟心死不能。勿以万事于子皆无可救。试以历多世而无争之理自服。此理为：活则无绝望之事。人能自至哀达至乐，自至难达至福。子其鼓勇若自今日起和生之所值。子其善用寸阴。"

这种中国式的哲思深入浅出，浅显易懂，但其寓意却十分深邃。它让人想起一位寓言作家的另一种哲学。寓言家写道：

---

① 编者注："哀莫大于心死"出自《庄子·田子方》。但随后的话则与《庄子》原文存在较大差异，而且《庄子》中是孔子在与颜回进行讨论时提及此话，与见到陌生男子自杀无关，应是法布尔引用有误。

若我被人致伤致残，

缺腿断臂，患痛风，

只要我仍活着，

我便心满意足矣。

的确，中国的伟大哲人和这位寓言家说得都很有道理。生命是一种严肃的东西，不能因遇到点艰难困苦就心烦意乱，轻易地就把生命抛弃。我们不应把生命视为一种享乐、一种磨难，而应该把它视为一种义务，一种只要一息尚存就必须全力以赴地去尽的义务。

让生命的最后一刻提前到来者，就是懦夫，就是蠢货。我们有权凭着自己的意愿决定坠入死亡深渊的方式，但这并不意味着我们有权轻生遁世。相反，这种自由意志的权利恰恰向我们提供了动物所毫无所知的向前看的本领。

只有我们才知晓生命的欢乐会怎样结束；只有我们才能预见自己末日的到来；只有我们才对死者表示缅怀，怀有崇敬之情。凡此种种，都是一些重大的事情，这是其他动物所想不到的。当伪劣的科学在高谈阔论，在拼命让我们相信一只可怜的昆虫会耍花招装死的时候，我们要求这种科学应更贴近事物去进行观察研究，切莫把昆虫因恐惧而引发的昏厥状态，误以为它能装出自己根本并不知晓的状态。

　　只有我们人才能够清醒地认识到一种结局，只有我们人才具有想见到人世彼岸的卓越本能。地位卑微的昆虫也在发表着自己的意见："你们应有信心。本能是从来不会违背自己的诺言的。"

蝉和蚂蚁的寓言

声誉是随着故事传说促成的，而童话则更胜故事一筹，无论是有关人类的还是有关动物的。特别是昆虫，如果说它无论是以哪种方式吸引我们，那是因为有着许许多多有关它的传说，而这种传说的真实与否则是无关紧要的。

譬如，有谁不知道蝉呢？起码也听过其名吧。在昆虫学领域中，还能找到如它那样名声很大的昆虫吗？它那钟情于歌唱而不顾未来如何的声名，早在我们训练记忆之初便已被当作素材了。人们用易学好懂的短小诗句告诉我们，当寒风四起，严冬来临，一无所有的蝉便跑到其邻里蚂蚁那儿去喊饿求食去了。乞食者不受欢迎，遭到不堪忍受的讽刺挖苦，这反而让它名声大振。蚂蚁说了如下的两句虽简短却粗俗无情的话语：

您先前唱了又唱！我听着舒服，

好呀，您现在就跳吧。

这两句话给蝉带来的声誉远胜于它的精湛的演唱威名。这深深地印入孩子们的心灵深处，永不会磨灭。

蝉生活在油橄榄生长的地区，大多数人并不知道其歌唱本领，但它在蚂蚁面前的落魄沮丧样儿，无论大人还是孩子全都知晓。名声即源于此！一个如同自然史一样，其道德受到践踏的极具争议的故事，一个其全部好处就在于又短又小的奶妈说的故事，就是一种声誉的基础，而这种声誉将会像《小拇指》中的靴子和《小红风帽》中的烙饼一样牢牢地支配着岁月留下的残存记忆[1]。

儿童拥有极为优秀的记忆能力。习惯、传统一旦存入其记忆库，就无法抹去。蝉的大名应归功于儿童，是他们在最初学着背诵时，磕磕巴巴地说出了蝉的不幸遭遇。构成寓言基本内容的那些荒谬浅薄的东西因他们而将保存下去：严寒来临时，蝉将永远挨冻受饿，尽管冬天已不再有蝉了；蝉将永远乞讨几颗麦粒，尽管它那娇嫩的吸管[2]根本就吸不进这种食物；蝉还将讨要苍蝇和蚯蚓，尽管它从来不吃它们。

---

[1] 《小拇指》和《小红风帽》系法国童话作家佩罗的作品，在法国家喻户晓。

[2] 编者注：吸管指蝉的刺吸式口器，蝉的口器是针管形的，用来吸食植物内的汁液。这种口器不能吃固体食物，只能刺入植物组织中吸取汁液。

　　这些荒唐的错误，责任究竟在谁呢？在拉·封丹 [①]，他的大部分寓言因观察之细微，颇让我们着迷，但有关蝉的描述却是考虑欠佳的。他的寓言里最早的那些主角，如狐狸、狼、猫、山羊、乌鸦、老鼠、黄鼠狼以及其他许许多多动物，他非常熟悉，所以他在跟我们讲述它们的事情和动作时，惟妙惟肖，入木三分。它们是一些高地的动物，是他的邻居，是他家的常客。它们的公开的和私下的生活都是他天天所见的，但是，在兔子雅诺欢蹦乱跳的地方，蝉是见不到的。拉·封丹从来没有听见过它歌唱，从来没有看见过它。他以为，这个著名的歌唱家肯定是一种蚱蜢。

　　格兰维尔 [②] 的画笔尽管与拉·封丹寓言配合得相得益彰，但也犯了同样的错误。在他的插图里，蚂蚁一副勤劳的家庭主妇的打扮。它站在门槛上，身旁是大袋大袋的麦子，不屑地背对着伸着爪子——对不起，是伸着手——的乞讨者。头戴 18 世纪阔边女帽，腋下夹着吉他，裙摆被凛冽寒风吹贴在小腿肚子上，这就是那第二个昆虫的形象，与蚱蜢一模一样。格兰维尔同拉·封丹一样，也没弄清楚蝉的真实模样，他栩栩如生地再

---

① 拉·封丹：法国 17 世纪著名寓言作家，其寓言闻名于世，如《乌鸦与狐狸》等，中国读者也很喜爱。
② 格兰维尔：法国 19 世纪的著名画家，为《拉·封丹寓言》配过插图。

现了那个以讹传讹的错误。

　　在这个内容贫乏的小故事里，拉·封丹只不过是拾了另一位寓言作家的牙慧而已。蝉备受蚂蚁的冷落的传说如同利己主义，也就是说如同我们的世界一样，历史久远了。古雅典的孩童背着满袋无花果和油橄榄去上学时，嘴里就已经像是在背书似的在嘟囔这个故事了："冬天到，蚂蚁们把自己受潮的食物搬到太阳下晒干。突然间，一只饥肠辘辘的蝉跳上前来求乞。它想讨几粒粮食。吝啬的蚂蚁们回答说：'你夏日里欢唱，那冬天你就蹦跳吧。'"尽管这个情节有点枯燥，但那正是拉·封丹的有悖常理的主题。

　　可这个寓言正是源自希腊，那是有名的盛产油橄榄、蝉非常多的地方。难道伊索①果真像传说所说的那样就是这则寓言的作者吗？这令人怀疑。不过，这也无关紧要，因为那位讲故事的人是希腊人，是蝉的老乡，他应该对蝉颇为了解。在我们村子里，没有那种缺少见识的农民，他会知道冬天根本就没有蝉。冬季来临，必须为油橄榄树培土时，村子里凡是用锨铲土的人都认得蝉的初始形态——幼体。他们在小路边成百上千次地看见过它，知道夏季来临时，这个幼体是如何从自己修建的圆洞中

---

① 伊索：公元前6世纪前后古希腊的寓言作家。

钻出地面的，知道它如何挂在细树枝上，背上裂开一道缝，蜕去比硬羊皮纸还要硬的外壳，变成浅草绿色，然后又变成了褐色，成了一只蝉。

阿蒂卡①的农民也并不傻，他们也注意到了最不开眼的人都能看出的情况，他们对我的那些乡巴佬乡邻十分清楚的东西也是知道的。这则寓言的作者，不管他是哪位文人，都是处于最有利的条件之下，对这类事情肯定是十分了解的。那么，他的故事的这种谬误是源自哪里呢？

拉·封丹情有可原，而古希腊的那位寓言作家则是不可原谅的，他只讲述书本上的蝉，而不去了解近在咫尺的像锣钹似的振翅鸣叫的真实的蝉。他不关心现实，却因袭传说。他是一位更古老的故事讲述者的应声虫。他在复述源自各种文明那可敬之母的印度的某种传说。他根本没有弄清楚印度人笔下描述的主旨是在表明一种无远见的生活会导致什么样的危险，却以为编成故事的动物场景比蝉和蚂蚁的对谈更贴近真实。印度是动物的伟大朋友，是不会犯这样的错误的。这一切似乎表明，原始故事的那个主人公不是我们的蝉，而是另一种动物——或者称之为昆虫——其习性与所编的故事颇为吻合。

---

① 阿蒂卡：希腊的一个半岛名，首都雅典即位于该半岛上。

这则古老的故事在许多世纪里令印度河流域的贤哲们深思，令那儿的孩子们得到乐趣，它也许像历史上某个族长第一次提出节俭持家一样年代久远，并一代一代地流传下去，内容基本上还是忠于事实的，但正如所有的传说一样，因为要适应当时高地的情况，细节便因岁月的无情流逝而有所扭曲了。

希腊乡间并无印度所讲述的这种昆虫，人们便差不离儿地把蝉加进故事里去，正像在现代雅典——巴黎一样，把蝉与蚱蜢给搞混了。错已铸成，从此谬误深深印刻进孩子们的记忆之中，无法抹去，假成了真，真却成了假。

让我们试着为这个被寓言糟践的歌手正名吧。我得首先承认，它是个讨厌的邻居。每年夏天，它们被两棵枝繁叶茂的高大法国梧桐所吸引，成百成百地飞到我家门前安家落户，从日出到日落，此起彼伏地叫个不停，震得我脑袋生疼。在这片吱吱声中，你无法思考问题，思绪被打乱，头昏脑涨，没法定下心来。如果我不起早点儿干些事，那整个一天就会泡汤了。啊！该死的虫子，我本想安静地待着，可你却成了我住所的一大祸害。

竟然有人说，雅典人把你养在笼子里，好惬意地听你歌唱。吃饱饭眯瞪着，有一只蝉叫叫还凑合，但成百只一起嚷叫，震得你耳鼓疼痛，你无法集中精力，真让人活受罪呀！你振振有词，说是你先来到这儿的，有权鸣唱。在我住到这里之前，那两棵法国梧桐完全属于你，而我却成了其树荫下的不速之客。可我得先告诉你，为了照顾给你写故事的人，你得在你的响钹上装个减音器，压低你的叫声。

事实真相把寓言作家向我们讲述的东西当作肆意杜撰给摒弃了。当然，蝉和蚂蚁之间有时候是有一些关系的，这是毫无疑问的，只不过，这些关系与人们讲给我们听的正好相反。这些关系并不是出自蝉的主动，它从不需要别人的帮助活下去，而是来自蚂蚁这个贪得无厌的剥削者，它把所有可吃的东西全都搬到自己的粮仓里。无论何时，蝉都不会跑到蚂蚁门前嚷饿去，还一本正经地许诺将来连本带利一并奉还。恰恰相反，是蚂蚁实在饿得不行，跑去乞求那个歌手的。我说的是"乞求"！借和还是从来不存在于掠夺者的习性中的。蚂蚁剥削蝉，厚颜无耻地把它洗劫一空。我们要讲讲这种洗劫，这是至今尚无人知晓的历史悬案。

七月的午后酷热难耐，成群的昆虫干渴难忍，在枯萎打蔫儿的花上爬来爬去，想找点儿水解渴，而蝉却对普遍的水荒不屑一顾。它用它那如钻头般的细嘴，在自己那永不干涸的酒窖中钻了开来。它不停地歌唱着，落在一棵小树的细枝上，钻透那坚硬平滑、里面汁液饱满的树皮。它从钻孔中把吸管插进去之后，便一动不动、聚精会神、美滋滋地沉浸在汁液和歌声的甜美之中。

如果我们多盯着它看一会儿，也许会看到一些意想不到的悲惨事情。果然，许许多多渴得不行的家伙在转悠着。它们发现了这口井，因为井边渗出汁液而暴露了。它们一拥而上，一开始还有点儿小心翼翼的，只是舔舔渗出来的汁液。我看见拥挤在甜蜜的井口旁的有胡蜂、苍蝇、球螋、泥蜂、蛛蜂、金匠花金龟，最多的是蚂蚁。

最小的，为了靠近清泉，便从蝉的肚腹下钻过去，宽厚仁慈的蝉便抬起爪子，让这些不速之客自由通过。个头儿大的急得直跺脚，挤上前去，飞快地嘬上一口，退了出来，跑到旁边的树枝上兜上一圈，然后又更加大胆地返回来。不速之客们贪心越来越大：刚才还谨小慎微的它们突然变成了一群乱哄哄的侵略者，一心要把掘井者从井边驱逐掉。

在这群冲锋陷阵的强盗中，最大胆、最坚决的就是蚂蚁。我看见有一些蚂蚁在咬蝉爪，还看见一些蚂蚁在扯蝉翼尖，趁势爬上蝉背，挠蝉的触角。一只胆大包天的蚂蚁就在我的眼前咬着蝉的吸管，拼命地往外拽。

巨蝉被这帮小蚂蚁如此这般地搅扰得没了耐心，终于弃井而去。它在逃走时还向这帮劫匪撒了一泡尿。对于蚂蚁来说，蝉的这种高傲的蔑视无伤大雅！反正它的目的达到了。它成了这口井的主人了，但是，使井冒水的泵已不再运转，井很快也就干涸了。井水虽少，但却甘甜。一旦再有机会，蚂蚁还会用同样的法子再喝上几大口的。

　　大家都看到了，事实彻底地把寓言臆想的角色给调换过来了。毫不客气、抢劫时决不退缩的求食者是蚂蚁，而甘愿与受苦者分享甘露的能工巧匠是蝉。还有一点也足以把颠倒的情况调整过来。经过五六个星期漫长的欢唱之后，歌手生命耗尽，从大树高处跌落下来。它的尸体被烈日晒干，被行人的脚踩踏。时刻在寻找战利品的蚂蚁撞见了它，蚂蚁随即把这美食扯碎、肢解、弄烂，搬到自己那丰富的食物堆中去。甚至还可以看到蝉虽已奄奄一息，但翼还在灰土中颤动，可是一小队蚂蚁便拥上去向各个方向拉扯它、撕拽它。此时的蝉伤心至极。看了这一幕之后，就不难看出这两种昆虫之间到底是什么关系了。

　　古希腊、古罗马对蝉有着很高的评价。人称"希腊贝朗瑞"①的阿纳克雷翁②为蝉写了一首颂歌，对蝉称颂有加。他说："你几乎就像诸神明一样。"但诗人这么赞颂蝉，其理由却并不很恰当。他的理由是说蝉有如下三个特点：生于地下，不知疼痛，有肉

---

① 贝朗瑞（1780—1857）：法国著名的诗人，歌词作者。

② 阿纳克雷翁（公元前6世纪）：古希腊的抒情诗人。

无血。我们也不必指责诗人犯了这些错误，因为那是当时的普遍看法，而且在有人细致入微地进行观察之前，这种看法已流传甚久。再说，在这种讲究对仗押韵的小诗句中，人们对这一点也没有过于关注。

即使在今天，和阿纳克雷翁一样很熟悉蝉的普罗旺斯的诗人们，在赞颂他们视之为标志的这种昆虫时，也并没怎么关心真实的蝉。但是，这种指责却牵扯不到我的一个朋友，他是个痴迷的观察家和一丝不苟的务实派。他准许我从他的活页木中抽出一页普罗旺斯语的诗，他以极其严谨的科学态度着重描述了蝉和蚂蚁的关系。诗中的诗意形象及道德评价责任在他，这样娇美的花朵在我的博物学园地上是长不出来的。但是，我得肯定他的叙述的真实性，与我每年夏天在花园中的丁香树上所看到的情况一致。

螳螂捕食

　　还有一种南方的昆虫，其令人感兴趣的程度至少与蝉一样，但声名却远不及后者，因为它总是悄无声息。如果上苍赐予它一个深得人心的第一要素的音钹的话，凭着它形体与习性的奇特，它准能让著名歌手蝉的声誉黯然失色。这里的人们称它为"祷上帝"，学名则叫螳螂，拉丁文名为"修女袍"①。

　　科学的术语与农民朴素的词汇在这儿是吻合的，都是把这种奇特的生物看成是一个传达神谕的女预言家，一个沉湎于神秘信仰的苦修女。这种比喻由来已久。古希腊人早就把这种昆虫称之为"占卜者""先知"。庄户人在比喻方面也是乐行其事的，他们对外表上所见之模糊材料大加补充。他们看见在烈日

---

① "修女袍"系拉丁文直译名，因螳螂长长的膜翅似修女长袍而得名。法国昆虫学界也以此名冠以这种昆虫。

炙烤的草地上有一只仪态万方的昆虫半昂着身子庄严地立着。只见它那宽阔薄透的绿翼像亚麻长裙似的掩在身后，两只前腿，可以说是两只胳膊，伸向天空，一副祈祷的架势。只这些足矣，剩下的由百姓们的想象去完成。于是乎，自远古以来，荆棘丛中就住满了这些传达神谕的女预言者、向上苍祷告的苦修女。

啊，天真幼稚的好心的人们，你们犯了多么大的错误呀！它的种种祈祷似的神态掩藏着许多的残忍习性；那两只祈求的臂膀是可怕的劫掠工具：它并不捻动念珠，而是要结果一切从旁经过的猎物。人们怎么也没想到螳螂竟然是直翅目昆虫中的一个例外①，它专门吃活食。它是昆虫界和平居民中的老虎，是埋伏着捕捉新鲜肉食的妖魔。可想而知，它力大无穷，又嗜肉成性，外加它那完美而可怕的捕捉器，使它可能成为野地上的一霸。"祷上帝"可能变成了凶神恶煞般的刽子手。

如果不提它那置人死地的工具，螳螂其实没有什么可以让人担惊受怕的。它甚至不乏其典雅优美，因为它体形矫健，上衣雅致，体色淡绿，薄翼修长。它没有张开如剪刀般的凶残大颚，相反却小嘴尖尖，好像生来就是用来啄食的。借助从前胸伸出

---

① 编者注：直翅目昆虫绝大多数都是植食性的，如蟋蟀、蝼蛄、蝗虫、螽斯等，螳螂则是肉食性，因此说是一个例外。不过现代昆虫学分类一般已将螳螂单独分为螳螂目。

的柔软脖颈，它的头可以转动，左右旋转，俯仰自如。昆虫之中，唯有螳螂引导目光，可以观察，可以打量，几乎还带面部表情。

它展现出一副安详状，同极其准确地誉之为杀人机器的前爪相比起来，反差极大。它的腰肢特别长而有力，其功用就是向前伸出狼夹子，不是坐等送死鬼，而是去捕捉猎物。捕捉器稍有点装饰，颇为漂亮。腰肢内侧饰有一个美丽的黑圆点，中心有白斑，圆点周围有几排细珍珠点作为陪衬。

它的大腿更加长，宛如扁平的纺锤，前半段内侧有两行尖利的齿刺。里面一行有十二颗长短相间的齿刺，长的黑色，短的绿色。这种长短齿刺相间增加了啮合点，使利器更加锋利有效。外面的一行简单得多，只有四颗齿刺。两行齿刺末端有三颗最长的。总之，大腿是一把双排平行刃口的钢锯，其间隔着一条细槽，小腿屈起可放入其间。

小腿与大腿有关节相连，屈伸非常灵活，它也是一把双排刃口钢锯，齿刺比大腿上的钢锯短些，但数量更多更密。末端有一硬钩，其尖利可与最好的钢针相媲美，钩下有一小槽，槽两侧是双刃弯刀或修枝剪。

这硬钩是高精度的穿刺切割工具，让我一看到就觉得后怕。我在捉螳螂时，不知有多少回被我一把抓住的这家伙给钩住，我腾不出手来，只好求助别人帮我摆脱这个顽固的俘虏！谁要是想不先把刺入肉中的硬钩弄出来就硬拽开螳螂，那他的手肯定会像被玫瑰花刺儿扎了一样，出现道道伤疤。昆虫中没有谁比它更难对付的了。这家伙用修枝剪挠你，用尖钩划你，用钳子夹你，让你几乎无还手之力，除非你用拇指捏碎它，结束战斗，那样的话，你也就抓不着活的了。

螳螂在休息时，捕捉器折起来，举于胸前，看上去并不伤害别人，一副在祈祷的昆虫的架势。但是，一旦猎物突然出现，它就立刻收起它那副祈祷姿态。捕捉器的那三段长构件突地伸展开去，末端伸到最远处，抓住猎物后便收回来，把猎物送到两把钢锯之间。老虎钳宛如手臂内弯似的，夹紧猎物，这就算是大功告成了：蝗虫、蚱蜢或其他更厉害的昆虫，一旦夹在那四排尖齿交错之中，便小命呜呼了。无论它如何拼命挣扎，又扭又蹬，螳螂那可怕的凶器是死咬住不放的。

想对螳螂的习性进行系统研究的话，必须要在家中饲养，在野外它无拘无束的情况下，是研究不了的。饲养它并不困难，因为只要有好吃好喝的伺候，它并不在乎被囚在钟形罩中。我们得每天给它精美食物，天天换样儿，那它就不怎么会因失去荆棘丛而感觉遗憾了。

我准备了十来只宽大的金属网罩，用来关押我的囚徒，同饭桌上罩饭菜防苍蝇的网罩一样。每一个罩子都扣在一个装满沙子的瓦罐上。笼里放着一束干百里香、一块为将来产卵用的平整石头，这就是它的全部家当。这一座座的小屋并排放在我动物实验室的大桌子上，那儿白天大部分时间日照充足。我把我的俘虏们关在笼子里，有的单独囚禁，有的集体关押。

我是八月下旬开始在路边干草堆中和荆棘丛里看到成年螳螂的。肚子已经很大了的雌性螳螂日见增多。而它们的瘦弱的雄性伴侣却比较少见，我有时得花很大的劲儿才能给我的那些雌性俘虏配对，因为囚笼中那些雄性小个子经常被悲惨地吃掉。这种惨剧我们先按下不表，先来说说那些雌性螳螂。

雌性螳螂饭量极大，喂养时间长达数月，所以食物的维系并非易事。必须每天更换食物，而大部分都是被它们稍微尝上几口便不屑地弃之不食了。我敢相信，螳螂在它们的出生地荆棘丛中，要更注意节约些的。由于猎物不充足，它们会把到手的食物吃干净为止，可在我的笼子里，它们就大手大脚的了，常常是咬上几口之后，便把那鲜美的食物撇下不吃了。它们似乎在以这种方式排遣被囚禁之烦恼吧。

为了对付这种奢侈浪费，我必须寻找援助了。附近的两三个无所事事的小家伙在我的面包片和甜瓜块的引诱下，每天早上和晚上跑到周围的草丛中去摆放用芦苇编成的小笼子，里面装着活蹦乱跳的蝗虫、蚱蜢。而我也没闲着，手拿网子，每天在围墙周围转悠，企盼能为我的住客们弄点鲜美猎物。

这些美味食物是我想用来了解螳螂的胆量和力气到底有多大的。在这些美味之中，大灰蝗虫个头儿要比吃它的螳螂大得多；白额螽斯的大颚有力，我们的指头都怕被它咬伤；蚱蜢怪模怪样，扣着金字塔形的帽子；葡萄树距螽音钹声嘎嘎响，圆乎乎的肚腹上还长有一把大刀。除了这些难以下嘴的野味外，还有两种可怕的猎物：一个是圆网蛛，肚子似圆盘，带有彩花边饰，大小如一枚二十苏①的硬币；另一个是王冠蛛，形象凶恶，鼓腹胀肚，令人望而生畏。

当我看到笼子里的螳螂一见到面前的各种猎物便勇猛地冲上前去的劲头儿，我便毫不怀疑它们在野地里遇见类似对手时也一定是毫不畏缩的。如同在我的金属网罩中它尽享我慷慨奉上的美味一样，在荆棘丛中，它必定是毫不客气地享用偶然送上门来的肥美猎物的。对大猎物的这种捕猎充满危险，这绝不是心血来潮之举，应该是它习以为常的事。然而，这种捕猎似乎并不多见，因为机会不多，也许这是螳螂的一大憾事。

各种各样的蝗虫，还有蝴蝶、蜻蜓、大苍蝇、蜜蜂以及其他中不溜儿的昆虫，都是它日常所能抓到的猎物。反正，在我

① 苏：法国原辅币名，一法郎等于二十苏。

的笼子里，大胆的女猎手在任何猎物前都没有退缩过。无论是灰蝗虫还是螽斯，也无论是圆网蛛还是王冠蛛，迟早都逃不脱它的利爪，在它的锯齿内动弹不得，被它津津有味地嚼食。这种情形是值得讲述一下的。

一看见罩壁上傻乎乎靠近的大蝗虫，螳螂痉挛似的一颤，突然摆出吓人的姿态。电流击打也不会产生这么快的效应的。那转变是如此突然，样子是如此吓人，以致一个没有经验的观察者会立即犹豫起来，把手缩回来，生怕发生意外。即使像我这种已习以为常的人，如果心不在焉的话，遇此情况也不免吓一大跳的。这就像是突然从一个盒子里弹出一种吓人的东西——小魔怪似的。

它的鞘翅随即张开，斜拖在两侧；双翼整个儿展开来，似两张平行的船帆立着，宛如脊背上竖起阔大的鸡冠；腹端蜷成曲棍状，先翘起来，然后放下，再突然一抖，放松下来，随即发出"噗、噗"的声响，宛如火鸡展屏时发出的声音一般，也像是突然受惊的游蛇吐芯时的声响。它的身子傲岸地支在四条后腿上，上身几乎呈垂直状。原先收缩相互贴在胸前的劫持爪，现在完全张开，呈十字形挺出，露出装点着排排珍珠粒的腋窝，中间还露出一个白心黑圆点。这黑的圆点恍如孔雀尾羽上的斑点，再加上那些象牙质的纤细凸纹，是它战斗时的法宝，平时是密藏着的，只是在打斗时为了显得凶恶可怕，盛气凌人，才展露出来。

螳螂以这种奇特姿态一动不动地待着，目光死死地盯住大蝗虫，对方移动，它的脑袋也跟着稍稍转动。这种架势的目的是显而易见的：螳螂是想震慑、吓瘫强壮的猎物，如果后者没被吓破了胆的话，后果将不堪设想。它成功了吗？谁也搞不清楚螽斯那光亮的脑袋里或蝗虫那长脸后面在想些什么。它们那麻木的面罩上没有任何的惊恐呈现在我们的眼前。

但是，可以肯定被威胁者是知道危险的存在的。它看见自己面前挺立着一个怪物，高举着双钩，准备扑下来；它感到自己面对着死亡，但还来得及时它却并没有逃走。它本是个长腿的蹦跳者，善于高跳，轻而易举地就能跳出对方利爪的范围，可它却偏偏傻乎乎地待在原地，甚至还慢慢地向对方靠近。

据说，小鸟见到蛇张开的大嘴会吓瘫，看见蛇凶狠的目光会动弹不得，任由对方吞食。许多时候，蝗虫差不多也是这么一种状态。现在它已落入对方威慑的范围。螳螂将两只大弯钩猛压下来，爪子一抓，双锯合拢、夹紧。不幸的蝗虫已无还手之力：它的大颚咬不着螳螂，后腿只是胡乱地蹬踢。它的小命休矣。螳螂收起它的战旗——翅膀，复现常态，开始美餐。

在抓获蚱蜢和距螽这种危险小于大灰蝗虫和螽斯的昆虫时，螳螂那魔怪般的姿态没有那么咄咄逼人，持续时间也没有那么长。它只须将大弯钩一伸就解决问题了。对付蜘蛛也是如此，只须拦腰抓住对方，就用不着担心其毒钩了。对于其日常食物的不起眼的蝗虫，无论是在我笼子里的还是野地里的，螳螂都极少用它的震慑法子，它只是一把抓住闯进它的势力范围的冒失鬼就完事了。

当要捕食的活物可能会进行顽强抵抗时，螳螂则不敢怠慢，要利用一种震慑、恫吓猎物的姿态，让自己的利钩有办法稳稳地钩住对方。随后，它的狼夹子便把吓傻了无还手之力的受害者夹紧。它就是以这种迅猛的魔怪般的姿势把自己的猎物吓瘫了的。

在这种怪诞的姿势中，双翅起了很大的作用。螳螂的翅膀很宽大，外边缘呈绿色，其余部分是无色半透明的。纵向上有许多经翅脉，呈扇面状辐射开来。还有一些更细的、横向的翅脉，呈直角与纵向翅脉相切。与之形成无数的网眼。在呈魔怪姿态时，翅膀展开，立成两个平行的平面，几乎相互触及，犹如昼间休憩的蝴蝶的翅膀一样。两翅之间，翘卷着的腹端突然剧烈抖动起来。肚腹摩擦翅脉，发出一种喘息声，我把它比作处于防御状态的游蛇吐芯的声音。如果要模仿这种声响，只须用指尖快速擦过展开的翅膀的正面即可。

　　几天没吃食的螳螂，因饥饿难忍，能一下子把与它相同大小或比它个头儿大的灰蝗虫全部吃掉，只撇下其翅膀，因为翅膀太硬而无法消受。为了吃光这么个大猎物，两小时足够了。但这么狼吞虎咽的情况甚是罕见。我曾见到过一两次，我当时就一直纳闷儿，这个饕餮者是怎么找到地方存这么多的食物的？容量小于容积的原理是怎么颠倒过来为螳螂服务的？我惊叹它的胃的高超特性，竟能让食物立即消化、溶解，穿肠而过。

　　在我的笼子里，蝗虫是螳螂的家常饭菜，大小不等，种类各异。看着它用劫持爪上的那对钳子夹住蝗虫蚕食着，实属一件趣事。虽然说它那尖尖小嘴似乎并不像是生就为大吃大喝所用的，可猎物却被它吃光了，只剩下双翅，而且，翅根上多少有点肉的地方都没有放过。爪子、硬皮全都穿肠而过。有时候，螳螂抓住一条肥硕的后大腿，送到嘴边，细细地品味着，一副心满意足的神态。蝗虫肥硕的大腿对它来说可能是上等好肉，犹如一块上好羊肉对我们而言一样。

　　螳螂先从猎物的颈部下口。当一只劫持爪拦腰抓住猎物时，另一只则按住后者的头，使脖颈上方断裂开来。于是，螳螂便把尖嘴从这失去护甲的地方插进去，锲而不舍地啃吃开来。猎物颈部裂开了大口，头部组织已遭破坏，蹬踢也就随之停止，

猎物便成了一具没有知觉的尸体，螳螂因而可以自由选择，想
吃哪儿就吃哪儿了。

绿蚱蜢

现在已是七月中旬了，按照气象学，三伏天刚刚开始，但实际上，酷热赶在日历的前头到来，几个星期以来，简直是酷热难当。

今晚，村子里在举行庆祝国庆的晚会[①]。村童们正围着一堆旺火在欢蹦乱跳，我影影绰绰地看到火光映到教堂的钟楼上面，"嘭啪嘭啪"的鼓声伴随着"钻天猴"烟火的"唰唰"声响，这时候，我独自一人在晚上九点钟光景，在那习习的凉风中，躲在暗处，侧耳细听田野间那欢快的音乐会。这是庆丰收的音乐会，比此时此刻在村中广场上那烟花、篝火、纸灯笼，尤其是劣质烧酒组成的节日晚会更加庄严壮丽，它虽简朴但美丽，虽恬静

[①] 编者注：法国国庆日为 7 月 14 日。

但具有威力。

夜已深了，蝉鸣声止。整个白昼，它们饱尝阳光和炎热，尽情欢唱不止，而夜晚来临，它们要歇息了，但是它们却常常被搅扰得无法休息。在梧桐树那浓密的枝杈中，突然会传来一声如哀鸣般的闷响，短促而凄厉。这是被绿蚱蜢突然袭击所惊扰的蝉的绝望哀号。绿蚱蜢是夜间凶猛凌厉的猎手，它向蝉扑去，拦腰将蝉抱住，把它开膛破肚，掏心取肺。欢歌曼舞之后，竟是杀戮。

在我的住处附近，绿蚱蜢似乎并不多见。去年，我计划着研究这种昆虫，但是一直没有找到过它，只好恳求一位看林人帮忙，他终于帮我从拉加尔德高原弄到两对绿蚱蜢。那里是严寒地区，山毛榉现在正开始往旺杜峰长上去。

好运总是要先捉弄人一番，然后才向着坚忍不拔者微笑的。去年久寻不见的绿蚱蜢，今夏已经几乎是随处可见了。我用不着走出我那狭小的园子，就能捉到它们，想要捉多少就有多少。每天晚上，我都听见它们在茂密的树林草丛中鸣叫。我得把握好这个好时机，机不可失，时不再来。

自六月份起，我便把我所捉到的足够的一对对绿蚱蜢关进一只金属网钟形罩中，下面是一只瓦罐，铺了一层沙子作底。这漂亮的昆虫简直棒极了，全身淡绿色，身体两侧有两条淡白色的饰带。它体形优美，身轻体健，一对罗纱大翅膀，是蝗科昆虫①中最优雅美丽的。我因捉到这样的一些俘虏而扬扬自得。它们将会告诉我些什么呀？等着瞧吧。眼下必须把它们喂养好。

我给这帮囚徒喂莴苣叶。它们果然在啃咬，但是吃得极少，而且显露出不屑吃的样子。我很快就弄明白了：我养的是一些不太甘愿吃素的家伙。它们需要别的食物，看上去是想捕捉活食。但到底是哪种活食呢？一个偶然的机会碰巧让我知道了是什么。

破晓时分，我在门前溜达，突然旁边一棵梧桐树上掉下点什么东西，还吱吱地在叫。我赶忙跑上前去。是一只蚱蜢在掏空被它抓住的一只蝉的肚腹。蝉徒劳地鸣叫、挣扎，蚱蜢始终紧咬住不放，把脑袋深扎进蝉的内脏中，一小口一小口地撕拽出来。

我明白了：蚱蜢是一大早在树的高处趁蝉歇息时发动袭击的，受袭的被活活地开膛的蝉猛然一惊，随即进攻者和被袭者扭成一团跌落下来。那次以后，我曾多次看到这种类似的屠杀场面。

----

① 编者注：人们通常认为蚱蜢和蝗虫是同类昆虫的不同名称，但蚱蜢与蝗虫其实存在一定差别，蝗虫是对直翅目蝗科昆虫的统称，蚱蜢则是对直翅目蝗科中的蚱蜢亚科昆虫的统称。

我甚至见到过胆量过人的蚱蜢蹿起追扑晕头转向乱飞逃命的蝉,犹如在高空中追逐云雀的苍鹰。与胆量过人的蚱蜢相比,猛禽略逊一筹。苍鹰是专攻比自己弱小的动物,而蝗虫类则相反,攻击比自己个头儿大得多、强壮得多的庞然大物,而这场个头儿相差许多的肉搏的结果是小个头儿必赢无疑。蚱蜢有极强的下颚和利爪,很少有不把对手开膛破肚的情况,而后者因没有武器,只有哀号和挣扎的份儿了。

要紧的是要把猎物攥住,这倒并不难,趁夜间猎物打盹儿的工夫下手即可。凡是被夜巡的凶猛的蚱蜢撞上的蝉都难免惨死。这就可以理解了,为什么夜阑人静、蝉声停叫之时,有时会突然听见树冠中传出吱吱的惨叫声。那是身着淡绿色衣服的强盗刚刚捉住一只入睡了的蝉。

我找到了我的食客们所需之食物了,我就用蝉来喂养它们。这道菜非常合它们的胃口,所以两三个星期的工夫,我那笼子里就一片狼藉,蝉脑袋、空胸壳、断翅膀、断肢碎爪,无处不在。只有肚子几乎整个儿地不见了。肚腹是块好肉,虽然营养成分不高,但看来味道很好。

确实,蝉腹中的嗉囊里积存着糖浆,那是蝉用自己的"小钻"从嫩树皮里汲出来的香甜液汁。是否就因为这种蜜饯的缘故,蝉的肚腹才成为猎人的首选?这很可能。

　　为了使食谱多样化，我其实还专门喂它们一些香甜的水果，比如梨片、葡萄、甜瓜片等等。这些水果它们全都很爱吃。绿蚱蜢就像英国人：它非常喜欢浇上果酱的牛排。也许这就是为什么它一抓住蝉就开膛破肚的缘故：肚子里装着裹着果酱的鲜美肉食。

　　并非在任何地方都可以吃到这种甜蝉美味的。在北方地区，绿蚱蜢遍地皆是，它们不可能找得到它们在我们这儿所热衷的这种美食。它们大概还有别的吃食。

　　为了弄清楚这个问题，我给它们喂细毛鳃角金龟，这是一种夏季鳃角金龟，与春季鳃角金龟相同。这种鞘翅昆虫一扔进笼里，绿蚱蜢们便毫不迟疑地扑上去了，吃得只剩下鞘翅、脑袋和爪子。我又投进去漂亮而肉肥的松树鳃角金龟，结果也一样，第二天我发现它被那帮凶神恶煞给开膛破肚了。

　　这些例子已足以说明问题了。这证明蚱蜢是个嗜食昆虫者，尤其爱吃没有过硬甲胄保护的那些昆虫；这还证明它们特别喜欢肉食，但又像螳螂那样只吃自己捕获的猎物。这个蝉的刽子手还知道肉食热量太高，须用素食加以调剂。吃完肉喝完血之后，还要来点水果什么的，有时候，实在没有水果，来点草吃吃也是可以的。

　　然而，同类相残仍然存在。其实我还从未看到我笼中的飞蝗①像螳螂那样的野蛮行径，后者经常拿自己的情敌开刀，吞食自己的情侣。不过，假若笼中的某个体弱的飞蝗倒下，幸存者们会像对待一般猎物那样毫不迟疑地扑上去的。它们并不是因为食物匮乏才以死去的同伴充饥。不管怎么说，凡是身有佩刀的昆虫都不同程度地有以伤残同伴为食的癖好。

除了这一点以外，我笼子里的飞蝗们倒是和平共处地生活着。它们彼此之间从未见有过狠打狠斗，顶多也就是因食物而稍许争抢一番而已。我刚扔进笼子里一片梨，一只飞蝗便立即霸占上了。因为怕别人来争抢，它就踢腿蹬脚，不让别人过来抢它的美食。自私自利无处不在。它吃饱了，就把位子让给别人，后者随即也霸道地占着梨片。笼中的食客就这么一个一个地飞上去霸占一番。吃饱喝足之后，大家便用大颚尖挠挠脚掌，用爪子蘸点唾沫擦擦额头和眼睛，然后便用爪子抓住网纱或躺在沙地上，做沉思状，悠然自得地在消食。它们白天的大部分时间都在睡大觉，尤其是天气炎热时，更是如此。

到了日落西山、夜幕降临时，这帮家伙劲头儿便上来了。九点钟光景，闹腾得最欢，忽而猛地冲上圆顶高处，忽而又兴冲冲地下来，一会儿再冲上去。大家吵嚷着来来去去，在环形

---

① 编者注：飞蝗和蚱蜢同属蝗科，习性相近，因此在这里把飞蝗也作为研究对象。

道上跑跑跳跳，遇上好吃的便咬上两口，一刻也不停下来。

雄性绿蚱蜢待在一旁，用触须挑逗路过的雌性。未来的母亲们庄重严肃地踱着步，佩刀半抬着。对于那些猴急的狂热雄性来说，现在的大事就是交配。有经验者一看就知道它们想干什么。

这也是我所观察的主要内容。我的愿望得以满足，但并不是完全满足，因为下面的好事拖得太晚，我没能看到最后那一幕。那最后的一幕要拖到深夜或者凌晨。

我所看到的那一点点只局限于没完没了的序幕那一段。热恋的情侣面对面，几乎头碰头地用各自的柔软触角彼此触摸，互相试探。它们仿佛两个用花剑互击来互击去以示友好的对手。雄性不时地鸣叫几声，用琴弓拉上几下，然后便寂然无声，也许是因为过于激动而没继续拉下去。十一点了，求爱仍未结束。我实在是困得不行，颇为遗憾地撇下了这对情侣。

第二天早晨，雌性产卵管根部下方吊挂着一个奇特的玩意儿，是装着精子的口袋，宛如一只乳白色的小灯泡，大小如天平砝码，隐约地分成数量不多的长圆形囊泡。当雌性绿蚱蜢走动时，那小灯泡擦着地，沾上一些沙粒。然后，它拿这个受孕的小灯泡当作盛筵，慢慢地将其中的东西吸尽，再咬住干薄皮囊，久久地反复咀嚼，最后再全部吞咽下去。不到半天工夫，那乳白色的赘物消失了，连渣渣末末都被它美滋滋地吃光了。

　　这种难以想象的盛筵似乎是从外星球传入的，因为它与地球上的筵席习惯大相径庭。蝗虫科昆虫真是个奇特的世界，它们是陆地动物中的最古老的一种，而且如同蜈蚣和头足纲生物[①]一样，是远古时代生物习性承袭至今的一个代表。

---

① 编者注：头足纲生物包括章鱼、鹦鹉螺、乌贼等。

大孔雀蝶

　　这是一个难忘的晚会。我将把它称作大孔雀蝶晚会。谁不认识这美丽的蝴蝶？它是欧洲最大的蝴蝶，穿着栗色天鹅绒外衣，系着白色皮毛领带。翅膀上满是灰白相间的斑点，一条淡白色曲折线条穿过其间，线条周边呈烟灰白，翅膀中央有一个圆形斑点，宛如一只黑色的大眼睛，"瞳仁"中闪烁着黑色、白色、栗色、鸡冠花红色的如彩虹般变幻莫测的色彩。

　　大孔雀蝶那体色模糊泛黄的幼虫也同样美丽。它那稀疏地环绕着一圈黑纤毛的体节末端，镶嵌着青绿色的珍珠。它那粗壮的褐色茧的形状极其奇特，口部状如渔民的捕鱼篓，通常紧贴在老巴旦杏树根部的树皮上。这种树的树叶是其毛虫的美味食物。

　　五月六日那天早上，一只雌性大孔雀蝶在我面前的实验室桌子上破茧而出。它因孵化时的潮湿而浑身湿漉漉的，我立即用金属网罩把它罩了起来。我也是灵机一动才这么做的，因为我还没有做出针对它的特殊安排。我只是凭着观察者的简单习惯，把它关了起来，时刻密切注意可能会出现的情况。

我很有运气。晚上九点钟光景，全家人都躺下睡觉了，我隔壁房间发出乱糟糟的一阵响动。小保尔没怎么穿衣服，来回走动，又蹦又跳，跺脚踢物，弄翻椅子，简直像疯了似的。"快来呀，"他在大声喊叫，"快来看这些蝴蝶呀，像鸟儿一样大！房间里都飞满了！"

我赶忙奔过去。一看，怪不得孩子会那么兴奋，那么乱喊乱叫。那是从未发生过的擅闯民宅行为——是巨大的蝴蝶的入侵。有四只已经被抓住，关进了麻雀笼里。剩下的全都在天花板上飞来飞去。

见此情景，我立刻想起了早晨被我关起来的那只雌性大孔雀蝶来。"快穿上衣服，孩子，"我对儿子说，"把你的笼子放那儿，跟我走。咱们去看看稀罕玩意儿。"

我们往下走，来到住宅右侧的实验室。在厨房里时，我碰见保姆，她也被眼前发生的事弄得惊愕不已。她在用她的围裙驱赶一些大蝴蝶，一开始她还以为是蝙蝠呢。

看起来，大孔雀蝶已经差不多把我的住宅全都占据了。这肯定是那只女囚引来的，它周围的那方天地会成什么样儿呀！幸好，实验室的两扇窗户有一扇是开着的，道路通畅。

我们手里拿着一支蜡烛，冲进了房间。第一眼所见简直让我们终生难忘。一群大蝴蝶轻拍着翅膀，围着钟形罩飞舞，落在罩子上，忽而又飞走，然后又飞回来，再飞向天花板，继而又飞下来。它们扑向蜡烛，翅膀一扇，蜡烛灭了。它们又扑向我们肩头，钩住我们的衣服，轻擦着我们的面孔。

这屋子简直成了一个巫师招魂的秘窟，成群的蝴蝶在飞舞。为了壮胆，小保尔紧攥住我的手，比平时用力得多。

它们有多少只呢？将近二十只。再加上误入厨房、孩子们的卧室和其他房间的，总数有四十来只。我要说，这是一次难忘的晚会，一次大孔雀蝶的晚会。它们不知是如何得知消息的，从四面八方赶来。其实，那是四十来个情人，急不可耐地赶来向今晨在我实验室的神秘氛围中诞生的女子致意的。

今天，我们就别再多打扰这一大群追求者了。蜡烛的火焰伤着了这群来访者，它们冒冒失失地向火上扑去，烧着了身子。明天我将用一份事先拟定的实验问卷再来进行这项研究。

现在，我们先来整理一下思路，来谈谈我观察的这一个星期里的所有情境中的重复见到的情况。每次都发生在晚上八点到十点之间；蝴蝶们是一只一只飞来的。现在是暴风雨的天气，天空乌云翻滚，一片漆黑，花园里、露天处、树丛内，伸手不见五指。

对于这些到访者来说，除了这漆黑之夜之外，其他时间住所也难以进入。房屋掩映在一些高大的梧桐树下；屋前向外前厅是一条两边长着厚厚的丁香和玫瑰树篱的甬道；屋前还有丛丛松树和杉柏帷幕在抵挡凛冽的西北风的侵袭。大门不远处还有一道小灌木丛形成的壁垒。大孔雀蝶要赶到朝圣地就必须在漆黑的夜晚穿越这杂乱的树枝屏障，左冲右突，迂回前进。

在这样的情况下，猫头鹰都不敢离开它那油橄榄树的巢穴贸然闯入。而大孔雀蝶装备精良，长着多面的复眼，比大眼睛的猫头鹰技高一筹，敢于毫不迟疑地勇往直前，顺利通过，没有发生碰撞。它迂回曲折地飞行着，方向掌握得非常好，所以尽管越过了重重障碍，抵达时仍精神抖擞，大翅膀没有丝毫的擦伤，完好无损。对于它来说，黑夜中的那点光亮已足够了。

即使认为大孔雀蝶具有某些普通生物视网膜所没有的特殊视觉，那这种异乎寻常的视觉也不会是通知在远处的它飞来这里的东西。远隔着的距离和其间的遮挡物肯定使这种视觉起不了这么大的作用。

再说，除非有迷惑性的光的折射——这儿并不是这种情况——大孔雀蝶会直扑所见到的东西的，因为光线的指引是非常准确的。不过大孔雀蝶有时也会出错，但错的不是要走的大方向，而是引诱它前去的所发生事情的确切地点。我刚才说过，孩子们的卧室是在此时此刻到访者们的真正目的地——我的实验室的对面，在我们秉烛闯入之前，已经被一群蝴蝶占据了。它们肯定是因情急搞错了。在厨房里也是一样，也有一群满腹狐疑的蝴蝶，因为在厨房里有一盏灯，挺亮，对于夜间活动的昆虫来说是一种无法抗拒的诱惑，所以它们可能因此迷了路。

　　我们只考虑黑暗的地方吧，在这种地方迷失方向者也不在少数。我在它们要前往的目的地附近几乎到处都发现一些。因此，当女囚身陷我的实验室时，蝴蝶们并不是全都从那个直接而可靠的通道——开着的窗户——飞进来的，那通道离钟形罩下的女囚只不过三四步远。有不少是从下面飞进来的，它们在前厅四处乱窜，顶多飞到了楼梯口，可那是一条死路，上面有一个门关着，进不去的。

　　这些情况说明，赶来求爱的大孔雀蝶们并没有像普通光辐射告诉它们之后它们所做的那样（这些光辐射是我们的身体能感觉到或不能感觉到的），直奔目标飞来。另有什么东西在远处告诉它们，把它们引到确切地点附近，然后让最终的发现物处于寻找和犹豫的模糊状态之中。我们通过听觉和味觉获得的信息差不多也是这种情况，当必须准确地弄清声音或气味的来处时，听觉或味觉却是很不准确的。

发情期的大孔雀蝶夜间朝圣时究竟是靠什么样的信息器官呢？人们怀疑它们的触角。雄性大孔雀蝶的触角似乎确实是在用它们那宽阔的羽状薄翼探测。这些美丽的羽饰只是一些普通的服饰呢，还是也起着一种引导求爱者找寻气味的作用呢？似乎不难进行一个带结论性的实验。咱们不妨来试一试。

入侵发生的翌日，我在实验室里找到了头天夜袭的访客中的八位。它们在关着的那第二扇窗户的横档上盘踞着，一动不动。其他的在一番飞舞尽兴之后，于晚上十点钟光景从进来的那个通道，也就是日夜全都敞开着的那第一扇窗户飞走了。这八只坚忍不拔者正是我要做的实验所必需的。

我用小剪刀从根部剪掉大孔雀蝶的触角，但并未触及它们身体的其他部位。它们对这种手术并没有什么反应，谁都没有动，只不过稍稍抖动了一下翅膀。手术非常成功：伤口似乎不怎么严重。被剪去触角的大孔雀蝶没有疼得乱飞乱舞，这对我的实验计划是最好不过的了。一天结束了，它们一直静静地一动不动地待在窗户的横档上。

余下要做的还有另外几项事情。特别是当被剪去触角的大孔雀蝶在夜间活动时，应给女囚换个地方，不让它待在求爱者们的眼皮底下，以保证研究的成果。因此，我把钟形罩和女囚搬了家，把它放在地上，在住宅另一边的门廊下，离我的实验室有五十来米。夜幕降临，我最后一次查看了一下那八只动过手术者。有六只已经从敞开着的那扇窗户飞走了；还留下两只，但是已经摔在了地板上，我把它们翻过来，仰面朝天，它们都没有力气翻转身子了。它们已精疲力竭，奄奄一息。可别责怪我的手术不好。即使我不用剪刀剪去它们的触角，它们照样会衰老垂危的。

　　那六只大孔雀蝶精力充沛，已经飞走了。它们还会飞回来寻找昨天引它们飞来的诱饵吗？它们没有了触角，还能找得到现已移往别处，离原先的地点挺远的那只钟形罩吗？

　　钟形罩放在黑暗之中，几乎是在露天处。我时不时地拿着一只提灯和一个网跑过去看看。来访者被我捉住、辨认、分类，并立即在我关上了门的相邻屋子里放掉。这样做可以精确地计数，免得同一只蝴蝶被计算上好几次。另外，这临时的囚室宽敞空荡，绝不会损伤被捉住的蝴蝶，它们在囚室里会觉得很安静，而且有很大的空间。在我以后的研究中，我也将采取类似的安全措施。

　　十点半钟，再没有到访者了，实验结束了。捉住的一共是二十五只雄性，只有一只是失去触角的。昨天被动过手术的那六只大孔雀蝶，身强力壮，得以飞出我的实验室，回到野外，其中只有一只回来寻找那只钟形罩。如果必须肯定或者否定触角的导向作用，那我尚不敢信任这种收获不大的结果。让我们在更大的范围内再做一番实验吧。

第二天早上，我去查看头一天被捉住的俘虏们。我看到的情况并不令人鼓舞。有许多都落在地上，几乎没有了生气。我把它们用手指夹住时，有几只只是略微有点生命的气息。这些瘫痪了的囚徒还能有什么用处？咱们还是试一试吧。也许到了寻欢求爱的时刻，它们又会恢复生气了呢。

有二十四只新来的接受了截去触角的手术。先前被剪去触角的那一只被剔除了，因为它差不多已奄奄一息了。最后，在这一天剩余的时间里，监狱的大门是敞开的，谁想飞走就飞走，谁想去赴盛大晚会就去参加吧。

为了让飞出去的接受试验，它们在门口必然会遇见的那只钟形罩又被挪了地方。我把它放置在一楼对面那一侧的一个套间里。当然，这个房间进出是自由的。

这二十四只被剪去触角者中，只有十六只飞到了外面。有八只已精疲力竭，不多久就会死在这儿。飞走的那十六只中，有多少只晚上会回来围着钟形罩飞舞呢？一只也没有。第二晚我只逮着七只，全都是新飞来的，也全都是羽饰完整的。这一结果似乎表明剪去触角是较为严重的事。不过，我们还是先别忙着下结论，还有一个疑点，而且是很重要的疑点。

"瞧我这副德行吧！我还敢在别的狗面前露面吗？"刚被别人无情地割掉两只耳朵的小狗莫弗拉说。我的蝴蝶们会不会有和小狗莫弗拉同样的担忧？一旦失去美丽的装饰，它们就不再敢出现在其情敌们面前向雌性示爱吗？这是它们的惶恐吗？是它们少了导向器的缘故吗？是不是因为久等而未能如愿所致，因为它们的狂热是短暂的？实验将解答我们的疑问。

第四天晚上，我捉到十四只蝴蝶，全都是新来者，我逐个地把它们关在一间房间里，它们将在里面过夜。第二天，我趁它们习惯于昼间歇息不动之机，把它们前胸的毛拔掉少许。拔去这么一点点毛对昆虫无伤大雅，因为这种毛很容易长出来，所以不会伤及它们在要回到钟形罩前的时刻到来时所必需的器官的。对于这些被拔毛者这算不了什么，可对于我来说，这将是我识别谁来过谁是新来者的重要标记。

这一次没有出现精疲力竭、无法飞舞者。入夜，十四只被拔毛者飞回野外去了。当然，钟形罩又挪了地方。两个小时里，我逮住二十只蝴蝶，其中只有两只是拔过毛的。至于前天晚上被剪去触角的大孔雀蝶，一只也没有出现。它们的婚期结束，彻底结束了。

在有拔过毛标记的十四只中，只有两只飞回来了。其他的十二只虽然有着我们所推测的导向器，有着它们的触角羽饰，但为什么没有回来呢？另外，在囚禁了一夜之后，为什么总是有那么多被证实为体力不支者呢？对此我只有一个回答：大孔雀蝶被强烈交尾的欲望迅速地耗得精疲力竭。

大孔雀蝶为了结婚这个它生命的唯一目的，具备了一种奇妙的天赋。

它能飞过长距离，穿过黑暗，越过障碍，发现自己的意中人。两三个晚上的时间里，它用几个小时去寻觅、调情。如果不能遂愿，一切全都完了：极其准确的罗盘失灵了，极其明亮的灯火熄灭了。那今后还活个什么劲儿呀！于是，它便缩到一个角落里，清心寡欲，长眠不醒，幻想破灭，苦难结束。

大孔雀蝶只是为了代代相传才作为蝴蝶生存的。它对进食为何事一无所知。如果说其他的蝴蝶是快乐的美食家，在花丛间飞来飞去，展开其螺旋形的口器①，插入甜蜜的花冠的话，那大孔雀蝶可是个没人可比的禁食者，完全不受其胃的驱使，无须进食即可恢复体力。它的口腔器官只是徒具形式，是无用的装饰，而非货真价实、能够运转的工具。它的胃里从未进过一口食物：如果它不是活不长的话，这可是个绝妙的优点。灯若

---

① 编者注：多数蝴蝶和蛾类都是虹吸式口器，口器呈螺旋形，犹如钟表发条，能自由弯曲和伸展，适合吸食花冠底部的花蜜。

想不灭就必须给它添油。大孔雀蝶则拒绝添油，不过它也就因此而活不长。只两三个晚上，那正是配对交欢最起码的必需时间，这就是一切，大孔雀蝶也就寿终正寝了。

那么失去触角的大孔雀蝶一去不复返又是怎么回事呢？它们是否在证明没有了触角它们就无法再找到那只女囚呢？绝对不是。如同被拔掉毛身体受损但却安然无恙的昆虫一样，它们也是在宣告自己的寿命已经终结了。它们无论是被截肢者还是身体完整者，现在皆因年岁大的缘故而派不上用场了，它们的存在与不存在已无意义。由于实验所必需的时间不够，我们未能了解到触角的作用。这种作用先前让人摸不着头脑，今后仍旧是一个疑团。

我囚禁在钟形罩下的那只雌性大孔雀蝶存活了八天。它根据我的意愿，每晚在居住处的一隅或另一处，为我引来数目不等的一群造访者。我用网随到随捕，然后立即把它们关进封闭的房间，让它们过夜。第二天，它们起码要被在前胸剪掉些绒毛，以做标记。

来访者的总数在这八天当中高达一百五十只，考虑到今后两年为了继续这项研究必需的资料，我将要费劲乏力地去寻找这种活物的话，这个数目可真让人瞠目结舌。大孔雀蝶的茧在我住所附近虽说并非找不到，但至少是十分罕见，因为其毛虫的栖息地老巴旦杏树并不太多。那两年的冬天，我对这些衰老的树全都——检查过，翻查它们那藏于一堆杂乱的木本植物中的树根处，可我有多少次都是空手而回呀！因此，我的那一百五十只大孔雀蝶是从远处，从很远的地方，也许是从方圆两公里以外或更远的地方飞来的。它们是如何获知我实验室里的情况而纷纷前来的呢？

有三个信息因子是易感性的决定条件：光线、声音和气味。大孔雀蝶从敞开的窗户飞进来之后，视觉在指引着它，但仅此而已。在进来之前，在外面那未知的环境中则不然！说大孔雀蝶具有猞猁那种极度敏锐的视觉是不足以说明问题的，还必须解释为什么它有一种敏锐的视觉，能够神奇地看见几公里之外的东西。这个问题太大太难，咱们别去讨论了。

声音同样与此无关。胖胖的雌性大孔雀蝶虽能够从很远的地方招引来情人，但它却是静默无语的，连最敏锐的耳朵也听不见它的声音。说它有春心萌动、激情颤抖，也许可以用高倍显微镜观察得到，严格地说，这是可能的。但是，我们不要忘了，到访者应该是在很远的距离之外，在数千米之外获得信息的。在这种情况下，我们就别去考虑声学的因素了，否则的话，就无宁静可言，周围一定是乱哄哄一片。

剩下的就是气味了。在感官范畴内，气味的散发可以说比其他的东西更能解释为什么蝴蝶们会稍作迟疑之后便纷纷前来追逐吸引它们的那个诱饵。是否确实有这么一种类似于我们称之为气味的散发物呢？这种散发物又是极其难以发觉的，是我们所感觉不到可又能让比我们的嗅觉更敏锐的嗅觉感觉到的？得做一个实验，这实验极其简单，就是把这些散发物掩藏起来，用气味更大更浓烈而经久的一种气味压住它们，成为主导气味，这样一来，微弱的气味就几乎不存在了。

　　我事先在晚上雄性大孔雀蝶将被招来的那个屋子里撒了点樟脑。另外，在钟形罩下，在雌性大孔雀蝶旁边我也放了一只装满樟脑的宽大圆底器皿。大孔雀蝶来访的时刻来到时，只须待在房间门口就能闻到这股子樟脑味儿。我的巧计未能奏效。大孔雀蝶们像平时一样，如约而至，它们闯入房间，穿越那股浓烈的气味，像在没有气味的环境中一样，方向准确地向钟形罩飞去。

　　我对嗅觉能否起作用已产生了疑惑。再说，我现在也无法继续实验了。第九天，我的女囚因久等无果已精疲力竭，把未能孵出幼虫的卵下在钟形罩的金属纱网上之后死去了。没了雌性大孔雀蝶，我也就无事可做，只好等到明年再说。

　　这一次，我将采取一些预防措施，储备了充足的必需品，以便如我所愿地重复已经做过的和我考虑要做的实验。说干就干，不必拖延了。

夏日里，我以每只一个苏的价格买了一些大孔雀蝶毛虫。我的几个邻居小孩——我日常的供货者们——对这种交易十分起劲儿。每个星期四，他们在摆脱那令人生厌的动词变位的学习之后，便跑到田间地头，不时地会找到一条大毛虫，用小棍子尖端挑着给我送来。这帮可怜的小鬼不敢碰毛虫，当我像他们抓熟悉的蚕那样用手指捉住毛虫时，他们都吓呆了。

我用老巴旦杏树枝喂养我昆虫园中的大孔雀蝶毛虫，不几天便有了一些优等的茧。到了冬天，我在老巴旦杏树根部一丝不苟地寻找，获得不少的成果，补足了我的收集物。一些对我的研究感兴趣的朋友跑来帮我。

最后，通过精心喂养，四处搜寻，求人代捉，虽身上被荆条划得伤痕累累，但我却有了不少的茧，其中有十二只较大较重的是雌性的。

失望一直在等待着我。五月来临，这是个气候变化无常的月份，把我的心血化为乌有，使我痛心疾首，愁苦不堪。说话又到了冬季。寒风凛冽，吹掉了梧桐树的新叶，落满一地。这是天寒地冻的腊月，晚上必须生上旺火，穿上厚厚的冬衣。

我的大孔雀蝶也饱受煎熬。卵孵化得晚了，孵出来一些迟钝呆滞的家伙。在一只只钟形罩里，雌性大孔雀蝶根据出生先后今天一只明天一只地住了进去，可是很少或者压根儿就没有外面飞过来探望的雄性大孔雀蝶。在附近倒是有一些，因为我收集的长着漂亮羽饰的试验用雄性大孔雀蝶，一旦孵化出来，辨认清楚之后便会立即关进园子里。它们不管离得远的还是就在附近的，都很少飞过来，而且即使来了也无精打采的。

　　也许低温也对提供信息的气味散发物有很大的影响，而炎热则可能有利于气味的散发。我这一年的心血算是白费了。唉！这种实验真难呀，它受到季节变换的快慢和反复无常的制约！

　　我又开始进行第三次实验。我喂养毛虫，到田野里去寻找虫茧。到了五月份，我已经收集了不少。季节很好，符合我的要求。我又见到了一开始导致我进行这种研究的那次令人振奋的成群大孔雀蝶的入侵的盛况。每天晚上都有大孔雀蝶飞来，有时十一二只，有时二十多只。雌性大孔雀蝶肚腹鼓鼓的，紧贴在钟形罩的金属网上。它毫无反应，甚至连翅膀都没颤动一下。它好像对周围所发生的事情无动于衷。我家人中嗅觉最灵敏的也没嗅出什么气味来；我家亲朋中被拉来作证的听觉最敏锐的也没听见任何响动。那只雌性大孔雀蝶一动不动地、屏息凝神地在等待着。

　　雄性大孔雀蝶三三两两地扑到钟形罩圆顶上，绕着飞来飞去，不停地用翅尖拍打着圆顶。它们之间没有因争风吃醋而发生打斗。每只雄性大孔雀蝶都在尽力地想闯入钟形罩，看不出对其他的献殷勤者有任何的嫉妒。徒劳地尝试一番之后，它们厌倦了，飞走了，混入正在飞舞着的蝶群中去。有几只绝望者从那扇敞开的窗户飞走了，一些新来者替代了它们。而在钟形罩的圆顶上，直到十点钟左右，仍不断地有蝴蝶尝试闯入，随即失望而去，随即又有新来者代替之。

钟形罩每天晚上都要挪挪地方。我把它放在北边或南边，放在楼下或二楼，放在住所右翼或左翼五十米开外，放在露天地里或一间僻静小屋的暗处。这一番神不知鬼不觉地突然搬来搬去，如果不知情者想找可能都找不着，但是却一点儿也没骗过蝴蝶们。我的时间与心思全白费了，没有迷惑住它们。

这里并不是对地点的记忆在起作用。譬如头一天晚上，那只雌性大孔雀蝶被放置在住所的某间房间里。羽饰美丽的雄性大孔雀蝶飞到那儿飞舞了两个小时，甚至还有一些在那儿过了一夜。第二天，日落时分，当我转移钟形罩时，雄性大孔雀蝶都在外边。尽管寿命转瞬即逝，但新来者仍有能力进行第二次、第三次的夜间远征。这些只能存活一日的家伙首先将飞往何处？

它们了解昨夜幽会的确切地点。我还以为它们将凭着记忆回到那儿去，而在那儿发现人去楼空时，它们将飞往别处继续追寻。但并不是这么回事。与我的期盼恰恰相反，根本就不是这样的。它们谁也没有再出现在昨晚一再光顾的地方，谁都没在那儿做过短暂逗留。此地已看出是没有芳踪了，记忆似乎并没有事先向它们提供任何情报。一个比记忆更加可靠的向导把它们召唤去了另外的地方。

在此之前，雌性大孔雀蝶一直公开地待在金属网眼上。那些到访者在漆黑的夜晚目光仍是敏锐的，它们凭借那对我们而言简直如同漆黑的夜色的一点微光是能够看见那只雌性大孔雀蝶的。如果我把雌性大孔雀蝶关进不透明的玻璃罩中，那会出现什么情况呢？这种不透明的玻璃罩难道就不能让提供信息的气味自由散发或完全阻止它散发吗？

今天，物理学使我们能够发明利用电磁波的无线电报了。大孔雀蝶在这个方面是不是可能超越了我们？为了激发周围的雄性大孔雀蝶的热情，通知几公里以外的求爱者，刚刚孵化出来的适婚雌性大孔雀蝶难道已拥有已知的或未知的电波和磁波吗？这种电波、磁波难道会被某种屏障隔断而被另一种屏障放行吗？总而言之，一句话，它是不是会按照自己的方法利用某种无线电呢？我觉得这并没有什么不可能的。昆虫是利用这种高级发明的强者。

于是，我把雌性大孔雀蝶放在不同材质的盒子里，有白铁的、木质的、硬纸壳的，全都关得严严实实，甚至还用油性胶泥给封上。我还用了一只玻璃钟形罩，将它摆放在一小块玻璃的绝缘柱上。

在这种严密封闭的条件下，没有飞来一只雄性大孔雀蝶，一只也没有，尽管晚上既凉爽又安静，环境宜人。无论是什么材质的——金属的、玻璃的、木质的还是硬纸壳的——密封盒，都使传递信息的物质无法散发出去。

一层两横指厚的棉花层也产生了同样的效果。我把雌性大孔雀蝶放进一只很大的短颈大口瓶里，用棉花塞住瓶口，扎紧。这足以使周围的雄性大孔雀蝶无法知晓我实验室的秘密了。一只雄性大孔雀蝶都没有露面。

反之，我们使盒子不够密封，让它微微敞开点，再把这些盒子放进一只抽屉里，装进大衣橱中。但尽管这么藏了又藏，雄性大孔雀蝶仍然蜂拥而来，多得就像明显地把钟形罩放在一张桌子上时一样。女囚被放在帽盒里，裹进一只关好的壁橱等待着的那个晚上的情景至今仍历历在目。雄性大孔雀蝶们扑向壁橱门，用翅膀扑打着，啪啪连声，想闯进去。这些过路的朝圣者，也不知从何处飞过田野来到此处，它们非常清楚门后面藏着什么。

因此，任何认为存在类似无线电报的通信手段的说法都无法让人接受，因为一道屏障无论是优良导体还是较差的导体，一经出现便立即阻断了雌性大孔雀蝶的信号。为了让信号畅通无阻，传得很远，必须具备一个条件：囚禁雌性大孔雀蝶的囚室不能关得严丝合缝，密不透风，要让内外空气相通。这又使我们回到了存在一种气味的可能性上，但那是经我用樟脑所做的实验给否定了的。

我的大孔雀蝶的茧业已告罄，但问题仍然没有弄个一清二楚。我第四年还要继续搞下去吗？我放弃了，原因如下：如果我想跟踪观察一只大孔雀蝶夜间婚礼中的亲昵举动，那是颇为困难的。献殷勤的雄性为达到目的肯定是无须亮光的，但我这人类的微弱视力在夜间无亮光的条件下是看不见什么的。我起码得点上一支蜡烛，但又常常被飞舞的群蝶给扑灭了。提灯倒是可以免此烦恼，但是它光线昏暗，又会出现阴影，根本无法让你看得清清楚楚。

还不光是这一点。灯的亮光还会把蝴蝶从它们的目标处引开，使之无法成其美事，而且照得太久，还会严重影响整个晚会的成功。来访者一飞进屋内，便疯狂地扑向火光，烧坏身上的绒毛，而且因为被烧伤而疯狂，就无法用来取证了。如果它们没有被烧着，被隔在玻璃罩外面，落在火光旁边，便会像是被施了魔法似的，不再动弹。

一天晚上，雌性大孔雀蝶被放置在餐厅的一张桌子上，正对着敞开着的窗户。一盏煤油灯点着，灯上装有一个搪瓷的宽大灯罩，吊挂在天花板上。一些来访者落在钟形罩的圆顶上，在女囚面前急不可耐的样子。另外的一些来访者，飞过女囚囚室时略微致意一番，便向煤油灯飞去，盘旋片刻之后，被搪瓷灯罩的反射光照得迷迷糊糊的，便贴在灯罩下面一动不动了。孩子们已经伸手要去捉它们了。"别动，"我说，"别动。别惊扰它们，别搅扰这些前来光明圣体龛朝圣的客人们。"

整个晚上，它们全都没有动弹过。第二天，它们仍留在原地。对亮光的迷恋使它们忘掉了对爱情的陶醉。

面对这样的一些迷恋亮光的家伙，精确而长久的实验是无法进行的，因为观察者需要照明。我放弃了对大孔雀蝶及其夜间婚礼的观察。我需要一只习性不同的蝴蝶，它得像大孔雀蝶一样勇敢地奔赴婚礼幽会，但又能在白天行房。

在用一只满足上述条件的蝴蝶进行研究之前，暂时先别顾及时间的先后次序，说几句我结束研究之前飞来的最后一只蝴蝶的事。那是一只小孔雀蝶。

别人不知从哪儿给我弄来一只很棒的茧，裹着一个宽大的白色丝套。从这个不规则的大褶皱的丝套中，很容易抽出一只外形似大孔雀蝶茧但体积要小一些的茧来。丝套端口用松散但又聚集的细枝结成网状，可出而不可进，我一眼便可看出那是一只夜间活动的大孔雀蝶的同类。丝套上有编织者的名号。

　　果然，三月末，圣枝主日那一天的清晨，那只茧孵出一只雌性小孔雀蝶，我立刻把它关进实验室的钟形金属网里。我打开房间的窗户，好让这件大事传布到田野中去，而且必须让可能前来的探访者自由进入房间。被囚的这只雌蝶贴在金属网纱上，一个星期都没再动一动。

　　我的小孔雀蝶女囚美丽极了，一身呈波纹状的褐色天鹅绒华服，上部翅膀尖端有胭脂红斑点，四只大眼睛，宛如同心月牙，黑色、白色、红色和赭石色混在一起。如果不是色泽那么发暗的话，几乎就是大孔雀蝶的装饰。这种体形和服饰如此华美的蝴蝶，我一生中只见到过三四次。我昨天见了茧，但从未见到过雄性蝶。我只是从书本上知道雄性比雌性要小一半，体色更加鲜艳，更加花枝招展，翅膀下部呈橘黄色。

　　我还不了解的陌生贵客——羽饰漂亮的雄蝶，它会飞来吗？在我们周围这一片似乎很少见到它的。在它那遥远的藩篱墙中，它能得知那只适婚雌蝶在我实验室的桌子上正等待着它吗？我敢保证它会前来的，而且我错不了的。瞧，它来了，甚至比我预料的还早到了。

　　晌午时分，我们正要吃午饭，因心悬可能会出现的情况尚未来用餐的小保尔，突然跑到饭桌前，面颊红彤彤的。只见一只漂亮的蝴蝶在他的指间扑扇着翅膀，它正在我实验室对面飞舞时，被小保尔一下子捉住了。小保尔递过来给我看，以目询问我。

"哇！"我说，"正是我们等待着的朝圣者呀。先别吃了，赶快去看看是怎么回事。回头再吃吧。"

因奇迹的出现，午饭都给忘了。雄性小孔雀蝶令人难以置信地按时被女囚给神奇地召唤来了。它们艰难曲折地飞翔，终于一只接一只地飞来了，它都是从北边飞过来的。这个情况很有价值。的确，乍暖还寒已经一个星期了。北风呼啸，吹落了老巴旦杏树新绽开的花蕾。这是一场凶猛的风暴，通常在我们这里是预示着春天不远了。今天，气候突然转暖，但北风依然在呼啸着。

在这段时间的陡变的天气中，飞来找那只雌小孔雀蝶的所有雄小孔雀蝶全都是从北边飞到我的拘蝶园中的。它们是顺着气流飞的，没有一只是从反方向来的。如果它们有与我们相似的嗅觉作为罗盘，如果它们是受分解于空气中的有味道的微粒指引的，那它们就应该是从相反的方向飞来才对。如果它们是从南边飞来的，我们就会认为它们是闻到风吹来的气味才找到地方的。在北风呼啸，空气洁净，什么味道也闻不到的天气里，从北边飞来，怎么可能假定它们在很远的地方就嗅到了我们所说的气味呢？我觉得有气味的分子不可能会顶着强风传播到它们那里。

　　两个小时中，在灿烂的阳光下，来访的雄小孔雀蝶们在我的实验室门前飞来飞去。其中大部分都在一个劲儿地寻来觅去，或撞墙欲入，或掠地而过。见它们如此犹豫不决，我想它们是因找不到引它们飞来的那个诱饵的确切位置而十分着急。它们从老远飞来，没有弄错方向，可到了地方却又拿不准确切地点了。不过，它们迟早会飞进屋内去向女囚致意的，但也不会恋栈。下午两点钟时，一切便结束了。一共飞来了十只雄小孔雀蝶。

　　整整一个星期，每当中午时分，阳光极其明亮时，一些雄小孔雀蝶便会飞来，但数量在减少。前后加起来一共有将近四十只。我觉得无须重复实验了，因为不会给我已知的情况再添加点资料了，所以我只是在注意两个情况。

　　首先，小孔雀蝶是昼间活动的，也就是说它们是在光天化日之下举行婚礼的。它们需要充足明亮的阳光。而与它成虫的形态和毛虫的技艺相近的大孔雀蝶则完全相反，需要日暮天黑之后。这种相反的习性谁有本事解释清楚谁就去解释吧。

　　其次，一股强气流从相反方向吹散能够给嗅觉提供信息的分子，但却不会像我们用物理学知识所假设的那样，阻止小孔雀蝶飞抵有气味的气流的相反方向。

　　为了继续研究，我们需要的是夜间举行婚礼的大孔雀蝶，而不是小孔雀蝶。后者出现得太晚了，而我并没有再研究它。我需要的是大孔雀蝶，不管是什么样的，只要它在婚庆时行房敏捷能干即可。这种大孔雀蝶，我能获得吗？

小阔条纹蝶

是的，我将能得到它；我甚至已经得到它了。一个七岁的男童，脸上透着灵气，但并不每天洗脸，他光着脚，短裤破烂，用一条带子系着，他每天都给我家送萝卜和西红柿。一天早晨，他提着蔬菜篮子来了，收下了我给的蔬菜钱，放在手心里一枚一枚地数着那几枚他母亲期盼的苏，然后便从口袋里掏了一件东西，是他头天沿着一个藩篱捡拾兔草时发现的。

"还有这个，"他把那东西递给我说，"这个您要不？""要呀，我当然要。你想法再给我找一些，你找到多少我要多少，而且我答应你每个星期天带你去玩旋转木马。喏，我的朋友，这是两个苏，给你的。把这两个苏单放，别同萝卜钱混在一起，免得向你妈报账时报不清楚。"我的这位头发乱蓬蓬的小家伙看到这么多钱简直开心极了，隐约感到自己要发大财了。

他走了之后，我仔细地观察着那个东西。这东西值得花气力去寻找。那是一个漂亮的茧，呈圆盾形，使人很容易联想到蚕房里的蚕茧。它很坚硬，呈浅黄褐色。从书本上的一些简单介绍来看，我几乎肯定这是一只橡树蛾的茧。如果真的是的话，那真是老天所赐！我就可以继续我的研究，也许还可能让我补足大孔雀蝶让我隐约瞥见的材料。

橡树蛾确实是一种传统的蝶蛾，没有一本昆虫学论著不谈及它在婚恋期间的突出表现。据说有一只雌性橡树蛾被困在一个房间里，甚至还刚刚在一只盒子底部孵卵。它远离乡野，困于一座大城市的喧闹之中。但是，孵卵之事还是传给了树林里和草坪间的相关者。雄性橡树蛾们在一个不可思议的指南针的引导之下，从遥远的田野间飞来，飞到盒子跟前，谛听，盘旋，再盘旋。

这些奇情趣事我是从书本中了解到的，但是看到，亲眼看到，同时还再稍做一番实验，那完全是另一回事。我花了两个苏买的那东西里面有什么呢？会从中飞出来那个著名的橡树蛾吗？

它还有另一个名字：布带小修士。这个新颖别致的名字是由其雄性的外衣决定的，那是一件棕红色修士长袍，但它不是棕色粗呢，而是柔软的天鹅绒，前面的翅膀横有一条泛白的、长得像眼珠似的小白点。

　　这里所说的布带小修士，也就是小阔条纹蝶，不是那种在合适的时候，我们心血来潮，带上个网子出去一捉就能捉到的平淡无奇的蝴蝶。在我们村子周围，特别是在我的荒石园中，我住了二十来年还从来没有见到过它。确实，我不是狩猎迷，标本上的死昆虫我并不太感兴趣，我要的是活物，要能表现其天赋才能的。不过，我虽无收集者的那种热情，但我对田野里生机盎然的一切都十分关注。一只身材和服饰如此与众不同的蝴蝶要是被我遇上，我肯定会捉住它的。

　　我许诺带他去骑旋转木马的那个小家伙再也没能捉到第二只。三年里，我拜托朋友和邻居帮我找，特别是求那些年轻人，他们是荆棘丛林中手眼明快的搜索者。我自己也在枯叶堆中翻来找去，查看一堆堆的石块，掏摸一个个的树洞，但都一无所获，稀罕的蝶茧仍未能找到。这足以说明在我住处周围小阔条纹蝶十分罕见。到时候我们将会看到这一点是多么重要。

　　我猜测得没错，我的那只唯一的茧正是那种著名的蝴蝶。八月二十日，一只雌蝶从茧中出来，胖嘟嘟的，肚子大大的，衣着与雄蝶一样，但是其长袍是米黄色，更加淡雅。我把它放在我工作室中间的一张大桌子上，用金属钟形网罩罩住。大桌子上放满了书籍、短颈大口瓶、陶罐、盒子，试管以及其他一些器械。大家知道这个环境，就是我为大孔雀蝶准备的那个处所。有两扇窗户朝向花园，阳光照进屋里。一扇窗户是关着的，另一扇则白天黑夜全都敞开着。小阔条纹蝶就待在这两扇窗户中间那四五米间隔之处的半明半暗的环境之中。

当天余下的时间以及第二天过去了，没有什么值得一提的事情发生。小阔条纹蝶用前爪抓住金属网纱，吊挂在朝阳的那一边，一动不动，像死了似的，翅膀未见颤动，触角也没有抖动，如同大孔雀蝶的情况一样。

雌小阔条纹蝶发育成熟了，细皮嫩肉在变结实。它不知运用一种我们的科学尚毫无概念的方法在制作一种无法抗御的诱饵，把一些拜访者从四面八方吸引过来。它那胖嘟嘟的身体里出现什么状况了？里面发生了什么变化把周围闹得天翻地覆？如果我们能了解它那炼丹术般的秘诀，那我们将会增加很多的知识。

第三天，新娘子已经准备好了。像过节似的热闹起来了。我当时正在花园里，因为事情拖得太久，对成功已经感到绝望。突然，下午三点钟光景，天气很热，阳光灿烂，我隐约看见一群蝴蝶在开着的那扇窗框间飞来飞去的。

它们是一些来向美人儿献媚取宠的情郎。有一些从房间里飞出去，另一些则飞进去，还有一些落在墙上休息，好像因长途跋涉而疲惫不堪了。我隐约看见一些从远处飞来，飞进高墙，飞过高高的柏树冠。它们从四面八方飞来，但数量越来越少。我未能看到婚庆开始的情况，现在客人们差不多都已到齐了。

我们上楼去看看吧。这一次是在大白天，任何细节都没漏掉，我又见到了那只夜巡大孔雀蝶让我头一回见到的令人惊讶不已的情景。在我的工作室里，一大片的雄性小阔条纹蝶在翻飞，转来绕去，我尽量以目测估算，大概有六十来只。在围着钟形罩绕了几圈之后，有一些便向敞开的窗户飞去，但随即又飞了回来，又开始围着钟形罩转悠开来。最猴急的则停在钟形罩上，用爪子相互抓挠、推搡，竞相取代别人抢占最佳位置。钟形罩里面的女俘大肚子垂着贴在网纱上，声色不动地等待着，在这群纷乱的雄蝶面前，没有一丝激动的表现。

雄性小阔条纹蝶无论是飞走的还是飞来的，无论是坚守在钟形罩上的还是在室内飞舞的，在三个多小时的过程中，一直在疯狂地舞动着。但是已临近黄昏，气温有点下降，雄蝶们的激情也随着降温。有许多飞走了，没再飞回来。另外一些占好位置以利明日再战，它们紧贴着那扇关着的窗户的窗棂上，如同雄性大孔雀蝶一样。今天的节庆活动到此结束。明天肯定还将继续，因为受网纱阻隔，活动尚未有任何结果。可是不然！令我大为沮丧的是活动并未再继续，这都是我的错。晚上，有人给我送来一只螳螂，个头儿特别小，所以我非常喜欢。由于老是想着下午的种种情况，我便不经意地匆忙把这个食肉昆虫放进了那只雌性小阔条纹蝶的钟形罩里了。我压根儿就没想到这两种昆虫共居一室是会产生恶果的。那只螳螂一副弱不禁风的样子，而那只雌性小阔条纹蝶却是那么胖嘟嘟的，所以我一点也没起疑心。

唉！我对带铁钳的食肉昆虫的凶残性的认知太少了！第二天，我惊呆了，痛苦地发现那只小螳螂正在啃咬那只胖蝴蝶。后者的脑袋和前胸已经没有了。可怕的昆虫！你让我度过了多么惨痛的时刻啊！再见了，我整夜冥思苦想的研究工作。三年中，我因没有研究对象而无法继续研究。

但愿这倒霉事别让我们忘掉我们刚了解到的那一点点情况。仅一次聚会，就有将近六十只雄性小阔条纹蝶飞来。如果我们考虑到这种蝴蝶的稀少，如果我们记起我和我的助手们那整整数年连续无果的研究，那这个数目将让我们惊讶不已了。找不到的那种蝴蝶在一只雌蝶的引诱下，一下子来了这么多。

那么它们是从哪里飞来的呢？毫无疑问，是从老远的地方，是从四面八方。我很久以来一直在我住处附近寻来找去，一丛丛荆棘，一堆堆石块，我都翻了个遍，所以我可以肯定周围没有橡树蛾。为了在我的工作室里聚集一大群这种蝶蛾，我曾寻遍郊外各地，也不知找了多少地方。

　　三年过去了，我日思夜求的运气终于给我送来两只小阔条纹蝶茧。八月中旬前后，这两只茧相隔几天各为我孵出一只雌蝶来，这使我得以重复并丰富我的实验。

　　我很快便又重新进行大孔雀蝶已经给了我非常肯定答复的种种实验。白昼的朝圣者也很灵巧，并不比夜间朝圣者差。它挫败了我所有的计谋。它准确地飞向被金属网罩罩着的那个女俘，无论网罩放置在什么地方；它能够在壁橱暗处发现女俘；它能够在一只盒子的最里面找到女俘，只要这只盒子不要盖得太严。如果盒子关得严丝合缝，它得不到信息，它也就不再来了。在此之前，它一再重复的是大孔雀蝶的英勇行为，别无其他。

　　一只盖得严严实实的盒子，空气无法流通，雄性小阔条纹蝶也就完全无法知晓女俘的情况。即使把这盒子放在窗户上十分显眼的地方，也没有一只雄性飞来。因此，这又立即使我想起了无论是金属的、木质的、硬纸板的还是玻璃质的隔墙，都传导不了有气味的散发物。

　　我对夜巡大孔雀蝶就此做过实验，它没被樟脑味蒙骗，在我看来，樟脑气味大极了，人的嗅觉就感觉不到被它压住的细微气味了。我用小阔条纹蝶重新进行了这种实验。这一回我把我所存有的汽油和有气味的物体统统都给用上了。

一打的碟子放好了，一部分放在囚禁女俘的金属钟形网罩里，另一部分放在网罩四周，围成一圈。有几只装着樟脑，有几只装着宽叶薰衣草香精，有几只装着汽油，还有几只装着有臭鸡蛋味的硫化物。不能再多放什么了，否则女俘会窒息身亡的。这些小碟子早晨便放好了，以便聚会开始时屋子里已经弥漫着这种种气味。

下午，工作室变成了恶心的配药室，一股浓烈的薰衣草香气加上硫化物恶臭的混合气味。而且别忘了我还在这间屋里大量地熏烟。煤气厂、烟馆、香料厂、炼油厂、臭气熏天的化工厂的味道全都集中在这间屋子里了，这样能否使小阔条纹蝶迷失方向呢？

根本就没有。三点钟光景，雄性小阔条纹蝶像往常一样纷纷飞来。它们都往钟形罩那儿飞，其实我事先已经用一块厚布把罩子蒙上了，以便增大难度。它们一飞进屋内，便被一种混杂着各种气味的浓烈氛围包围住了，但它们仍旧是朝着女俘的囚室飞去，想从厚布的褶皱下面钻进去与女俘相会。我的计谋未能奏效。

这次实验完全失败了，重复了大孔雀蝶实验的结果。这次失败之后，我理所当然地要放弃是有气味的散发物在指引小阔条纹蝶参加婚庆的观点。我之所以没有放弃，应该归功于一次偶然的观察。意外和偶然有时会给我们带来惊喜，把我们引向此前一直在毫无结果地寻觅真理的道路。

一天下午，我想弄清楚蝴蝶一旦飞进屋里，视觉在寻找目标物中是否还起点作用，便把那只雌性小阔条纹蝶放在一只钟形玻璃罩中，还给它弄了点带枯叶的橡树小枝让它停靠。玻璃罩就放在桌子中间，冲着敞开的那扇窗户。雄蝶飞进屋里一定会看得见女俘的，因为后者就在它们必经之路上。雌蝶在其上待了一夜和一个早上的那个金属纱网钟形罩下是放了一层沙土的陶罐，我觉得很碍事，未加任何考虑便把它放到屋子的另一头的地板上，那个角落只能透进半明半暗的光线，离窗户有十来步远。

接下来发生的事把我的思绪搅成一团。飞进来的到访者中没有一位在玻璃罩那儿停下来，而玻璃罩就在明亮的阳光下面，女俘显眼地居于其中。它们全都没朝雌蝶看一眼，没有探询一下。它们全都飞向房间另一头我放着陶罐钟形罩的那个暗黑的角落。

它们落在金属纱网罩圆顶上，久久地探寻，扑扇着翅膀，还稍稍在相互争斗。整个下午，直到日影西斜，它们都围在空空的圆顶飞舞，认为雌蝶就身陷其中。最后，它们飞走了，但没有全飞走。有几个执着者不想走，死死地钉在那儿，像是被施了定身法似的。

　　这真是个奇怪的结果：我的这些蝴蝶飞到那人去楼空之地，长留不去，尽管眼见罩中无蝶仍死不甘心。从雌蝶所在的那只玻璃钟形罩旁飞过时，来来去去的这群雄蝶中不可能一个也没看出有雌蝶的，但它们就是没有在此哪怕稍事停留。它们被一个诱饵给弄得神魂颠倒，竟置真实的雌性于不顾了。

　　它们是被何物所欺骗的呢？第一天的整个夜晚和第二天的整个上午，雌蝶都是待在金属纱网钟形罩里的，它忽而吊在纱网上，忽而在陶罐的沙土层上歇息。它碰过的东西，特别是它那大肚子蹭过的东西，长时间接触之后，浸透了一些散发物的气味。那就是它的诱饵，就是它能激发情欲的药物，那就是引得雄蝶神魂颠倒、纷至沓来的尤物。沙土层把这尤物保存一段时间，并向四周扩散出去。因此，是嗅觉在引导雄蝶们，在远处向它们发出信息。它们被嗅觉所控制，不去考虑视觉所提供的信息，所以途经美人儿正被关押的玻璃囚室时，一飞而过，直奔神奇气味在散发的纱网、沙土层，直奔女魔法师除了气味以外什么也没留下的那座空房。

　　那无法抗拒的尤物需要一定的时间才能配制好。我想它像一种挥发性气体，一点点地散发出去，让一动不动的大肚雌蝶沾过的东西便浸满了这种气体。即使玻璃钟形罩放在桌子正中间，或者更好一些，放在一块玻璃上，内外都无法很好地沟通，而且，雄蝶因为凭嗅觉什么也感觉不到，它们就不会前来，无论你试验多久都无济于事。可我眼下不能以这种内外无法沟通作为理由，因为即使我搞出一个好的沟通环境，用三个小垫子把钟形罩抬离底座，雄蝶们也不会一下子飞来，尽管屋子里蝴蝶为数不少。但是，等上半个小时左右，盛有雌蝶尤物的蒸馏器就开始启动了，求欢者们立即就会像通常那样纷纷而来。

掌握了这些出乎意料的驱云拨雾的材料，我就可以进行不同的实验，这些实验在同一个方面全都是具有结论性的。早晨，我把雌蝶放在一个钟形金属网罩里。它的栖息处是同先前一样的一根橡树细枝。雌蝶在里面一动不动，像死了似的。它在细枝上待了许久，藏在大概浸润着其散发物的叶丛中。当探视时间临近时，我把浸足了散发物的细枝抽出来，放在离敞开的那扇窗户不远处。另外，我让钟形罩中的雌蝶待在房间中央的桌子上显眼的地方。

蝴蝶纷纷来到，先是一只，然后是两只、三只，很快就是五只、六只。它们进来，出去，又回来，飞上飞下，飞来飞去，始终是在那扇窗户附近，那根细橡树枝放在椅子上，离窗户不远。谁也没往那张大桌子飞，而雌蝶就在那儿的金属网罩中等候它们，离它们并没有多远。它们在迟疑，这可以清楚地看出来：

它们在寻找。

最后，它们终于找到了。那它们找到什么了？找到的正是那根细枝，那根早晨曾是胖雌蝶的粉床。它们急速扑扇着翅膀、它们飞落在叶丛上、它们忽上忽下地搜寻、抬起、移动树叶，以致最后那束很轻的细枝被弄掉到地上去了。它们仍在落在地上的细枝叶丛中搜索。在翅膀和细爪的扑打抓挠下，细枝在地上移动着，仿佛被一只小猫用爪子抓扑的破纸团。

当细枝连同那群搜索者移动到远处时，突然新飞来两只小阔条纹蝶。那把刚才放有细枝叶的椅子就在它俩飞经的途中。它俩在椅子上落下，急切地在刚才放过细枝的地方嗅闻个没完。然而，对于先来者和新到者来说，它们热切期盼的那个真实目标就在那儿，很近，被一只我忘了遮盖起来的金属网罩罩着。它们谁也没有注意到它。它们在地上继续推挤雌蝶早上睡过的那个小床，它们在椅子上继续嗅闻那张粉床曾经放过的地方。日影西斜，撤退的时刻到了。再说，撩拨的气味也在渐渐地淡去、消散。拜访者们没什么可做的了，只好飞走，明日再来。

我从随后的实验中得知，任何材料，不管是哪一种，都可以代替我那偶然的启示者——带叶的细枝。我稍提前一点把雌蝶放在一张小床上，上面时而铺垫着呢绒或法兰绒，时而放些棉絮或纸张。我甚至还强迫雌蝶睡木质的、玻璃的、大理石的、金属的硬硬的行军床。所有这些东西在雌蝶接触了一段时间之后，都像雌蝶本身似的对雄蝶们有着同样的吸引力。它们全都具有这种吸引雄蝶的特性，只不过有的强些有的弱些。最好的是棉絮、法兰绒、尘土、沙子，总之是那些多孔隙的东西。而金属、大理石、玻璃反而很快地便失去它们的功效。总而言之，但凡雌蝶接触过的东西，都能吸引雄蝶。因此，橡树细枝掉到地上之后，雄蝶们仍旧纷纷飞到那把椅子的坐垫上。

我们来选用一张最好的床，比如法兰绒床，我们将会看到新奇的事。

我在一根长试管或小阔条纹蝶正好可以飞进去的一只短颈大口瓶里放一块法兰绒，让雌蝶整个上午都待在上面。来访者们钻入器皿中，在里面拼命扑腾，却怎么也飞不出来了。我给它们布置了个陷阱，可以让它们有多少死多少。我们把那些落难者放走吧，把藏于盖得严严实实的盒子的最秘密处的那块床垫抽出来。晕头转向的雄蝶们又回到那支长试管里，又钻进了陷阱之中。它们是受到浸透尤物的法兰绒传给玻璃的那种气味的引诱。

我因此便坚信了自己的想法。为了邀请周围的众蝶飞赴婚宴，为了老远地通知它们并引导它们，新嫁娘散发出一种我们人的嗅觉感觉不出来的极其细微的香味。我的家人们，包括孩子们那最灵敏的鼻子，凑近那只雌性小阔条纹蝶也没有闻出一丝一毫的气味来。

雌性小阔条纹蝶停留过一段时间的任何东西都很容易地浸润了这种尤物，因而这些东西自此也就如雌性小阔条纹蝶一样成为具有同样功效的吸引力的中心，只要它的散发物不消失掉。

没有任何可以用眼看出的诱饵。在求欢者们心急火燎地在围床纷飞的刚刚弄好的纸床上，没有任何看得出的痕迹，也没有一点浸润的样子，其表面在浸润了尤物之后与没有浸润之前一样地干净整洁。这种尤物配制得很慢，须一点一点地积聚，然后才能充分地散发出去。

雌蝶被从其粉床弄走，移到别处，暂时失去了诱惑力，变得冷漠起来；雄蝶们飞往的是因长时间浸润之后的雌蝶栖息地。然而，御座重新放好，被抛弃的女皇又重新掌权了。

信息流通的出现时间有早有晚，根据昆虫品种而定。刚孵出的那只雌性小阔条纹蝶需要一段时间才能发育成熟，才能安排自己的蒸馏器似的器官。雌性大孔雀蝶早晨孵出，有时候当晚便有探访者飞来，但更经常的是第二天，经过四十来个小时的准备之后才有求欢者。雌性小阔条纹蝶则把自己召唤异性的活动推得更迟：它的征婚广告要等个两三天之后才发布。

让我们稍稍回过头来看看其触角的蹊跷功用。雄性小阔条纹蝶与其婚恋方面的竞争对手一样有着漂亮的触角。把其层叠状的触角视作导向罗盘是否合适？我并无太大把握地对它们进行了我以前做过的那种截肢手术。被动过手术的雄性小阔条纹蝶没有一只再飞回来过。但也别忙于下结论。我们从大孔雀蝶那儿已经知道，它们的一去不复返有着比截肢的结果更加重要的原因。

另外，第二种小阔条纹蝶——苜蓿蛾蝶这种与第一种小阔条纹蝶很相近的蝴蝶，也有着华美的羽饰，它也给我们出了一道难题。在我家附近常常见到它们，就在我的那座荒石园里我都发现过它的茧，极容易与橡树蛾的茧搞混。我一开始就曾把它们搞混过。我原指望从六只茧中得到小阔条纹蝶，但将近八月末时，我得到的却是六只另一品种的雌蝶。这下可好，在这六只在我家孵出的雌蝶周围，从未见过有一只雄蝶出现，尽管附近就有雄性小阔条纹蝶出没。

如果宽大而多羽的触角真的是远距离信息传输工具的话，那为什么我的那些有着华美触角的邻居却未获知在我工作室中发生的情况呢？为什么它们的美丽羽饰并未让它们对一些事情产生兴趣呢？而所发生的这些事情本会让另一种小阔条纹蝶纷纷飞来的呀？这再一次说明器官并不决定才能。尽管有着相同的器官，但某种才能一种昆虫会有，而另一种却并没有。

象态橡栗象

我们的机器中有某些东西很奇怪，在它们处于静止状态时，你无法知道它们是怎么回事。一旦机器转动起来，怪诞的装置便咬住齿轮，打开、闭合连动杆，我们就看见了各部件的巧妙组合，每个部件都在为实现预定功效而匠心独运地各司其职。这就是各种象鼻虫，尤其是橡栗象的情况。正如其名所示，橡栗象就是生来就要对付橡栗、榛子以及其他类似坚果的。

在我们那片地区，最引人瞩目的便是象态橡栗象。它的名字起得真妙！让人产生好多联想啊！啊！瞧它那副滑稽相，嘴上还叼着一只长烟斗哩！这烟斗细如马鬃，棕红色，几乎笔直，其长无比，以致橡栗象只好斜着身子，让它伸直，免得折断，像头前伸出一支长矛似的。这么长的一根尖桩，这么一个怪鼻子，橡栗象用它来干什么呀？

　　我看见有人对此耸耸肩，表示不屑。如果说人生的唯一目的确实是通过明的或暗的手段挣钱的话，那这种问题问得就有点荒唐了。

　　好在另有一些人则不然，在他们眼里凡事都是重要的，没有微不足道的。他们知道思想的面包是用一些细碎的面团揉成的，它们并不比收获的粮食来得无关紧要；他们知道耕耘者与询问者都在用聚集起来的面包屑供养这个世界。

　　让我们继续讲述下去。用不着看着橡栗象干活儿，我们也可以猜测到它的奇形怪状的长嘴上有一个类似我们用来钻坚硬物体的钻头。它的大颚是两个钻头尖，构成钻头尖端的高强度齿甲。这种象虫仿照菊花象，但其条件要比后者差，它们用这种钻头来开道，以便安放自己的虫卵。

　　但是，尽管这种猜测不无道理，但毕竟不是确定无疑的。只有看着橡栗象干活儿我才能知道其中的奥妙。

　　耐心的人最终总会碰到机会的，因此十月上旬我终于看到橡栗象在干活儿了。我当时惊讶极了，因为这个时间很出人意料，一般来说昆虫的一切技术性工作都已经干完了。初冬一到，昆虫活跃的季节便告结束。

　　那一天，天气坏透了，刺骨的寒风呼啸着，冻得人嘴唇像被刀割似的。这种天气跑到荆棘丛去察看，非得意志坚定不可。

但是，假如长嘴橡栗象如同我所猜想的那样用长杆工具钻橡栗，那就得赶快去看，时间是不等人的。橡栗仍是绿的，但已经很大的个头儿了。再过两三个星期它们将变成褐栗色，完全熟了，随即就会掉到地上。

我疯看了一圈，颇有收获。在墨绿的橡树上，我发现一只橡栗象，长鼻子已经有一半钻进一只橡栗中去了。仔细观察它是不可能的，因为树枝被寒风吹得抖动个不停。于是，我便把那根树枝折断，轻轻地放在地上。那只橡栗象没有注意到被搬了家，仍在继续干着。我躲在一丛矮树后面，蹲在它的近旁，看着它干活儿。

象态橡栗象脚上蹬着黏性套鞋，可以牢牢地贴在光滑浑圆的橡栗上，后来，在我的实验室里的玻璃壁上它也是靠着这种黏性套鞋得以垂直地爬上爬下的。此刻，橡栗象正在橡栗上用自己的"弓摇钻"①忙乎着。它缓慢而笨拙地围着它那根插入橡栗中的钻杆移动着，在画着半圆，圆心就是钻孔，然后又折回头来，画一个反向的半圆。它反复地这么画来画去，如同我们运用手腕的力量用钻子在木头上转来转去地钻一个洞一样。

长鼻子在一点一点地钻进去。一小时后，长鼻子见不着了。

---

① 编者注：弓摇钻是一种呈弓字形的手摇式工具，用于在器具表面打洞，这里借指象态橡栗象的象鼻般的特殊口器。

然后它歇息了片刻。最后，它把长鼻工具抽了出来。随后会出现什么事呢？这一次没有出现其他什么事。橡栗象丢下了它钻探的那口井，一本正经地退了出来，蜷缩在枯树叶中。今天我不会获得更多的资料了。但我并未放松警惕。在有利于捕捉虫子的无风的日子里，我回到了先前去的地方，很快便捉到了一些，装进我实验室的金属网罩中。鉴于这是一项慢工细活，我知道会有不少的困难，所以我宁愿在自己家里不紧不慢地观察研究。

这么做棒极了。如果我像开头一样继续在树林中观察橡栗象的劳作的话，即使我能找到一些橡栗象为我观察所需素材，那我也永远不会有耐心把它们选择橡栗、钻孔和产卵的情况从头观察到尾的，因为它们干活儿既细心又慢悠悠的。

组成我的橡栗虫所光顾的矮树林的有三种橡树：绿橡树、短柔毛橡树和胭脂虫栎树。如果樵夫不过早砍伐的话，绿橡树和短柔毛橡树会长成很漂亮的树木，而胭脂虫栎树只是一种可怜的荆棘而已。绿橡树是这三种树木中挂果最多的，是橡栗象的最爱。其橡栗坚硬，呈长条形，中等大小，硬壳不太粗糙。短柔毛橡树的果实一般来说长得不好，短小又皱巴，没熟就掉落了。塞里昂丘陵的干旱气候对这种橡树极为不利。因此，橡栗象只是在退而求其次的情况下才选用它。

　　胭脂虫栎树是一种短小的灌木，矮得一迈步就能跨越过去，但其果实却是多汁的，与树那惨兮兮的外表形成强烈反差。其橡栗鼓鼓的，呈粗大的鹅卵形，壳上立着粗糙的鳞片。象态橡栗象找不到比这更好的居所了，既是坚固的住宅又是丰富的粮仓。

　　我把几根这三种橡树长满橡栗的树枝置放在我的金属网罩圆顶下面，一头浸在一盆水里，以保持新鲜。小树枝上放了数目合适的配对橡栗象，最后实验仪器也放在我实验室的窗户上，天气晴朗时，一天大部分时间都能照到太阳。现在，让我们耐着性子，时刻监视着。我们将会得到回报的——钻探橡栗值得一看。

　　我们并没等太久。准备工作做好之后的第三天，我在橡栗象开始干活儿时准时到来。雌橡栗象比雄的体型更壮实，用"手摇曲柄钻"钻的时间也更长，它仔细地察看那个橡栗，无疑是准备产卵。

　　它一步一步地从前头爬到后头，从上面爬到下面，爬遍了那个橡栗。橡栗壳很粗糙，爬动很容易。如果脚底没有黏性套鞋，没有在各种姿态下都能保持平衡的刷子形鞋底的话，在橡栗的其他部分爬动就不太容易了。橡栗象以同样从容的姿势在橡栗的上下左右爬来爬去，从未摔落。

　　它已经选好了，这个橡栗被认为是最好的。现在是要在这个橡栗上钻一个探测洞。橡栗象的钻杆太长，操作起来很困难。为取得最佳机械效果，就必须按照被钻件凸面的法线 [①] 把钻杆竖立，然后再把干活时间以外呈前伸状态的这个碍事的工具收回到橡栗象钻工的身体下面。

　　为达到这一目的，橡栗象用后腿支起身子，立在鞘翅尖端和后跗骨形成的三脚架上。没有什么比这个怪诞的钻工更加奇怪的了，它站立着，把长钻杆鼻放回自己身下。

　　成功了，长钻杆笔直地竖了起来。钻探开始了。其方法就是我那天北风呼啸时在树林中所见到的那种。它极其缓慢地钻着，从右往左，然后再从左往右，循环往复地这么干着。钻头并不是一种因始终朝着一个方向旋转而往下钻着的螺旋形开瓶器似的工具，而是一种套针，先是啃咬，然后轮番向着一个方向和另一个方向磨蚀，逐渐往下扎去。

　　在继续往下介绍之前，让我们先说一下一个偶然事件，它太引人瞩目，不能避而不谈。我多次偶然发现这种钻工死在自己的工地上。死者的姿态很奇特。如果死亡不总是什么严重的事，尤其是当它是突然发生的工伤事故的话，那怪模怪样的死

---

① 编者注：法线指始终垂直于某平面的虚线。橡栗表面是曲面的，此时法线是垂直于曲线上某一点的切线。

亡姿态是会让人忍俊不禁的。

　　探杆尖正好插在橡栗上，已经开始在干活儿了。在钻杆这个致命的尖桩的顶端，象态橡栗象垂直地悬于空中，远离各个支撑面。它已干瘪，也不知道死了多少天了。爪子僵硬，缩在肚腹下面。即使这些虫爪像活着时那样灵活而又能伸长的话，它们根本也不可能够得着挂橡栗的枝丫的。到底突然发生了什么事，把可怜的橡栗象身子刺穿，如同我们所收集的标本那样，用大头针钉住标本的脑袋？

　　原来发生了一起工伤事故。由于钻杆太长，象态橡栗象开始干活儿时是用后腿站着的。假设这笨拙的钻工突然脚下一滑，两只爪子一下子没有抓住，身子便立即脱离橡栗，被稍弯的钻杆这么一弹便被甩了出去，因为开始干活儿时，必须让钻杆稍微弯得多一点以利钻探。因而，它便被远远地抛离橡栗工地，徒劳地在空中拼命挣扎，它的跗节找不到任何可以抓附的东西。它因无任何支撑点以摆脱险境，最后筋疲力尽地死在长钻杆的顶端。如同我们工厂里的工人一样，象态橡栗象有时候也成为自己机器的受害者。让我们祝它们好运，套上结实的黏性鞋套，小心干活儿，当心滑倒。

　　我们再继续介绍吧：这一次，机械运转良好，但是奇慢无比，所以往下钻探的情况用放大镜观察也看不出钻了多少。但象态橡栗象一直在钻探，歇息一会儿，立即又干起来。一个小时、两个小时过去了，神情专注的我紧张而疲乏，因为我一定要看一看那关键一刻的工作情况：象态橡栗象收回钻杆，把卵放进井口。这样我起码可以预见到事情进行的状况。

两个钟头过去了，我已经失去了耐心。我与家人协商。家中的三个人轮流值班，不间断地盯着执着的象态橡栗象。我必须不惜一切代价了解到它的秘密。

幸亏我找了帮手，他们留意地帮我仔细观察。连续不断地观察了八个小时之后，将近夜幕降临时分，监视哨在叫我。象态橡栗象看样子已经干完活儿了。它确实在往后撤，谨慎小心地在抽回钻杆，生怕把它弄折了。钻具抽出头了，又笔直地伸向了前方。

那一时刻到了。唉！没到哩。我又一次上当了。我那一轮一轮的八小时值班监视没见结果。象态橡栗象走了，没有利用自己钻探的成果便遗弃了那个橡栗。没错儿，我完全有理由怀疑自己在树林里所观察到的结果。在绿橡树中，忍受烈日的烤炙，全神贯注地待着，简直是一种难以忍受的折磨。

整个十月份，必要时求助手们帮忙，我查看了没被产卵的许多钻井。观察的时间长短不一，一般是两个小时，有时候达到或者超过半天。

钻这些劳民伤财而多数又不产卵的井的目的何在？我们先来了解一下虫卵的位置以及幼虫最初几口食物的情况，或许答案就有了。

那些住有象态橡栗象卵的橡栗是挂在树上，嵌在橡栗壳里的，仿佛没有发生任何有损于绒毛叶的不正常事情。稍加留意，你很容易地便能辨认出它们来。在离栗壳斗不远处的光滑而仍绿油油的外壳上，可见一个小点，确系一灵巧的针所刺。由于坏死而产生的一个窄小的褐色乳晕很快便把这个小孔洞包围起来。那就是钻井口。另外还有几次，但并不多见，洞穴是穿过壳斗钻出来的。

咱们挑选那些新近钻孔的橡栗，也就是那些苍白针孔尚未因日久天长由褐色乳晕围起来的橡栗。我们把它们的壳剥去。其中不少并未见有什么东西：象态橡栗象钻探了它们，但并未在里面产卵。它们同我网罩里的那些橡栗一样，被钻了无数小时，却并未加以利用。有许多里面有一只卵。

无论壳斗上面的井口有多么远，这只卵总是待在井底，在一堆绒毛叶那儿。那儿有柔软的绒呢，是由壳斗提供的，被滋养品源泉——叶柄的渗液所润湿。我看见一条很小的象态橡栗象的幼虫，是我亲眼看着它孵出来的，它最初几口是在轻轻地咬那堆絮状的食物，那个用丹宁酸调了味儿的新鲜面包。

　　这种如同新生有机物一样多汁、易消化的小糕点，只有那儿才有，而象态橡栗象也只是在那儿，在壳斗和绒毛叶之间安放自己的卵。象态橡栗象十分清楚最适合其新生儿那虚弱的胃的食物在什么地方。

　　上面是相对而言较粗糙的绒毛叶面包。幼虫头几个小时在餐厅里增强了体力，然后并非直接地，而是通过其母用探针捅开的狭道钻进面包房。狭道中满是面包屑和吃了一半的残渣。吃了这种沿路备好的稍微粗糙的可口面粉，力气倍增，幼虫于是便完全钻进橡栗那坚硬的果肉中去。

　　所掌握的这些情况说明了产卵的象态橡栗象是如何干活儿的。在钻探之前，它上下左右，前前后后地仔细地查来看去，这时它的目的是什么？它是在了解这个橡栗是否已经被占据了。诚然，食橱很丰盛，但两个人吃就不太够了。我确实还从未发现有两只虫子在同一个橡栗中的。只有一只，始终都只有一只，这一只在吃完丰盛的食物，消化完后将食物变成橄榄绿色的小团团之后，离开橡栗，下到地上。绒毛叶面包最多也就剩这么一丁点儿的面包屑了。原则是：每只象态橡栗象都有自己的圆形大面包，每个消费者都有自己的一份橡栗口粮。

　　把卵安置进去之前，先得检查一番，看看这个橡栗是否被占据了。可能存在的那个占据者在这个地下墓穴的底部，由满是鳞片的壳斗遮掩着。这个狭小的藏身处没什么秘密可言。但是，如果橡栗表面没有那细小的针眼的话，再尖的眼睛也猜不到里面藏着一个隐居者。

这个小点不明显，但可仔细辨别出，它就是我的向导。有它在，我就知道橡栗有主儿了，或至少，是被做过与产卵有关的试验；它不存在，我就深信这个橡栗尚未有任何人占据。毋庸置疑，象态橡栗象也是以同样的方法获知情况的。

我目光锐利，仔细地观察一切，必要时还动用放大镜。我把观察对象拿在手里转来转去地看这么一会儿，情况便一清二楚了。而它，这个近视的象态橡栗象观察者，却不得不到处查来验去，最后才确切地找到那个能说明问题的小孔。再说，这是家族利益在迫使它慎之又慎，而我只是好奇心使然。因此，它对橡栗的检查是极费工夫的。

橡栗一旦被确定完好无损，这就成了。钻头往下钻，一干就是好几个小时。然后，有好多次，象态橡栗象对自己的活计不屑一顾地走开了，钻探完了没有随即产卵。这么卖力地干了这么久又有何用呢？它只是为了饮水解渴、恢复体力才找一个橡栗随便钻钻吗？它嘴上的吸管会下到井底深处，在满意的角落吸了几口富有营养的饮料了吗？它这么忙乎一番只是为了个人进食吗？

　　一开始，我真是这么想来着，因为我毕竟对它为了一大口饮料而这么坚忍不拔颇觉惊讶。但是，雄性象态橡栗象的情况告诉了我实情，我便抛弃了这一想法。雄性象态橡栗象也长有长嘴，必要时也能钻出一口井来，但我从未见过雄性象态橡栗象有谁趴在一个橡栗上面，吭哧吭哧地在掘井的。为什么要这么费劲呢？这些节制饮食的昆虫有一点点吃的就足够了。用长鼻尖端稍稍刺破一张嫩叶，就足以维持它们的生命了。

　　如果说它们这些无所事事、无须为吃费神的雄虫无过多需求的话，那么那些忙于产卵的雌性又是怎么回事呢？它们来得及又吃又喝吗？不，被钻了孔的橡栗并不是一个小酒馆，任你在那儿没完没了地喝个够。长嘴伸进橡栗喝上这么一小口那倒有可能，但是，那些碎屑是不是它的初衷？真实目的我想我隐约地发现了。我前面说了，卵总是置于橡栗底部，在一些由叶柄渗出的汁液润湿的絮状物中间。幼虫刚孵出时，还啃不动挺硬的绒毛叶，只能咬壳底柔软的毛毡，以其液汁为食。

　　但是，随着橡栗长大成熟，这个蛋糕也就变得很硬了，味道以及液汁的量都随之有所变化。柔软部分变硬了，湿润的部分干燥了。在一个时期，新生儿所需的舒适条件是极具备的。稍早些，舒适条件未达到标准；稍晚些，那些条件又不再符合要求。

在外边，在橡栗的绿壳上，这种内部厨房的情况丝毫显现不出来。为了不让幼虫吃不合适的食物，做母亲的因为只是从外表查看了橡栗而还不太了解情况，只好自己先用长鼻尖端尝尝粮仓底部的食粮。

妈妈在喂婴儿喝粥之前，也都先用嘴唇去试试粥的凉热。雌性象态橡栗象也是以同样的慈母心这么去对待自己的幼虫。它把长鼻尖端伸到井底深处，看看里面的食物情况，然后再留下给自己的孩子。如果井底食物令它满意，它就把卵产下来；如果食物令它不满意，它就不再多往下钻探，弃之而去。这就可以解释为什么它钻了半天而弃之不用的原因了。那是因为再钻下去也没有用处，井底的食物经仔细鉴定不符合要求。为了自家孩子的第一口食物，这些象态橡栗象多么细心、多么挑剔啊！

把新生儿放在将能找到多汁而柔软的、易于消化的食物的地方，这些细心挑剔的母亲还觉得不行。它们的关怀照顾远胜于此。一个折中的办法也许有用，就是让小幼虫从最初的吃软糕点改变成吃硬面包。这个折中办法就在母亲钻出的那个坑道里，那儿有一些碎屑。另外，坑道内壁受损、变软，比其他东西更适合新生儿娇嫩的颚。在啃咬绒毛叶之前，幼虫的确是先钻入这个坑道的。它以沿途找到的粗面粉为食；它收集悬于壁上的褐色微粒；最后，它已足够壮实，便弄破果仁那圆形大面包，钻进里面去，不见了踪影。胃已经锻炼好了，剩下的事就是放开肚皮吃了。这种管状婴儿哺乳室应有一定的长度，以满足初生婴儿的需要。因此，做母亲的便用那把钻孜孜不倦地干活儿。如果探测只是局限于品尝一下食物，了解橡栗底部的成熟程度的话，操作就会简便得多，只需透过外壳在底部不远处进行就可以了。这一点象态橡栗象并不是不知道：我偶尔也发现象态橡栗象正在对坚硬外壳这么干哩。

我从中看到的只是急于了解情况的产妇的一种试验。如果橡栗合用，钻探就将在稍高处，在壳斗外面重新开始。当卵应该产下时，按惯例确实是钻橡栗，尽可能地在高处，只要钻杆够长就行。

花了大半天时间仍未完工的那个长钻洞是怎么回事呢？它干吗这么坚持不懈地干呀，就在离叶柄不远处，少用许多时间和少许多劳累，钻头就可以钻到那个理想的地点，那个新生幼虫得以饮用的清泉？做母亲的这么费劲乏力、疲劳不堪自有道理：它这么做可以到达橡栗底部那理想之地，因此也就获得了最佳的效果，可以替自己的孩子准备好一个吃不完的面粉口袋。

这是些鸡毛蒜皮的事！不，对不起，这可是一些大事呀，这是在告诉我们象态橡栗象在储存最微不足道的东西时的细致入微，向我们证明了一种调节细枝末节的高级逻辑。

　　象态橡栗象像一个优秀的教育家，它有自己的好主意，值得尊敬。这起码是乌鸫的看法，一到秋末，浆果开始短缺时，乌鸫便美滋滋地拿这种长嘴昆虫充饥。虽说不够塞牙缝的，但味道却十分鲜美，没有尚未被严寒冻坏的橄榄苦涩。

　　如果没有乌鸫及其竞争对手的话，春天树木复苏时会成一幅什么景象呀！即使人因自己所干的蠢事而从地球上消失了，乌鸫用其鸣唱来庆祝万物复苏也同样是庄严隆重的。

　　除了满足森林欢乐之鸟——乌鸫的朵颐而很值得赞扬而外，象态橡栗象还有另一个功用——调节植物的无序生长。如同所有真正名副其实的强者一样，橡树是个慷慨大度者，它大量地提供橡栗。这么多的橡栗大地如何处理它们呢？森林缺少空间便会窒息；树木过多则会殃及所有树木。

　　不过，鉴于食物充沛，急于使过度生产保持平衡的消费者从四面八方纷纷赶来，田鼠这个原住民在一堆碎石中，在其草料床垫旁存储起橡栗来。松鸦这种外来户也不知是如何获得消息的，成群结队地从远方飞来。一连几个星期，它们逐一地对橡树大加叼啄，还像被掐住的猫似的呱呱叫嚷着以表现自己的欢乐与兴奋，任务完成之后，便飞回自己北方的故乡。

　　象态橡栗象比大家动手更早。它把卵产在还很青的橡栗中。现在，橡栗落在地上，提前变成褐色，还被钻了个圆孔，象态橡栗象幼虫吃光了橡栗里面的食物便从这个小圆孔里爬出来。光一棵橡树下，很容易地就能捡满一篮子这种被掏空的橡栗。对于清理过剩物资的活计，象鼻甲科昆虫远胜于松鸦和田鼠。

人为了养猪，很快也来了。在我们村子里，当市镇击鼓宣读公告的人宣布某日为在市镇树林里采摘橡栗的开始日时，那可是件大事哩。前一天，最起劲儿的人便先行跑去查看地点，为自己选定最佳位置。第二天，天刚蒙蒙亮，全家人便都跑到选定的地点。父亲用长竹竿敲打高处的树枝；母亲围着麻布大围裙，可以进入林子深处，采摘手能够得着的橡栗；孩子们则捡拾掉落在地上的。一篮篮装满了，倒进筐里，装入大布袋中。继田鼠、松鸦、象虫以及其他许多动物之后，现在轮到人在开心了，他们在计算采摘了这么多橡栗自己的猪能长多肥。但是，一份开心之中也藏着一种遗憾，就是眼见这么多的橡栗散落地上，一个个都被钻了孔，被糟蹋了，一点用处也没有了。于是，人们便对造成这种破坏的肇事者诅咒起来。听他们的口气，好像这森林只属于他们所有似的，似乎橡树只是为他们的猪才结果的。我想告诉这些人，守林人是不会记录轻罪犯人的罪状的，而这样做是非常好的，因为人太自私，在收获橡栗中看到的只是猪长肉，肉做肠，这种态度后果是严重的。橡栗在邀请大家全都来利用它的果实。我们人从中获得了最大的一份，因为我们是最强者。那是我们唯一的权利。

　　但是，在不同的消费者中进行平衡的分配，这是高于一切的大原则。在这个世界上，大家都各有自己的作用，无论强大与弱小。如果说乌鸫为万物复苏而欢快鸣唱是大好的事的话，我们也别认为橡栗被蛀空是件坏事。蛀坏的橡栗里藏着为鸟儿准备的饭后甜食哩，象态橡栗象肉质鲜美，能让鸟儿体肥歌美。

　　我们让乌鸫去歌唱吧，还是回过头来谈我们象虫科昆虫的卵。我们知道卵所在的地方：橡栗底部，在最鲜嫩多汁的果仁中。它是怎么住到那儿去的，那儿离壳斗边缘上方的入口可是够远的，这确实是个小小的问题，甚至可以说是幼稚的问题。但也别对它不屑一顾，因为科学就是由一些幼稚可笑的事物构成的。

　　第一个用一块琥珀在衣袖上摩擦，随后便得知这块琥珀能吸住麦秸的人，绝没猜想到我们今天利用的电的奇妙。他只是在天真地自得其乐而已。但这种儿童游戏经过反复地做，以各种各样的方法进行探索之后，就变成了世界上的强大力量之一。

　　观察者对什么都不应该忽视，因为永远也不会知道会从最不起眼的事物中产生出什么来。因此，我又对自己提出了这个问题：象态橡栗象是通过什么办法在离入口那么远的地方住了下来的？

　　对于尚不知晓卵的位置但可能知道幼虫首先是从其底部咬

吃橡栗的人来说，答案可能是这样的：卵产在管道入口，在表面处，而幼虫则在母亲钻好的坑道里爬动，自己爬到储存幼儿食物的那个偏僻地点。

在掌握足够的资料之前，我自己起先也是这么解释的，但很快我就认为这种解释是错误的。当产妇把腹尖贴在刚用钻头钻出的孔口便退走不久，我便摘下了这个橡栗。卵好像应该就在那儿，在入口处紧贴表面的地方，可并非如此，那儿并没有卵，卵在坑道的另一端。如果我大胆假设的话，卵是像一块石头似的掉进坑底的。

我们还是快点抛开这种愚蠢的想法吧！坑道极其狭窄，又堵满锉屑似的东西，这么直接掉下去是不可能的。再说，根据叶柄那直的或颠倒的方向，在一个橡栗里下落就会在另一个橡栗里上升。

出现了第二种解释，同样是大胆的。我在想：布谷鸟在草地里任何地方下蛋，然后用嘴把蛋叼起，放到黄莺的狭小的窝里去。象态橡栗象会不会也用的是类似的法子呢？它会不会利用它的长喙把它的卵送到橡栗底部去呢？我看不到它身上还有其他什么工具能够达到这个深洞的底部的。

然而，我们还是赶快抛开因想不出道理来而产生的这种怪诞的解释吧。象态橡栗象是从不会公开地产下卵，然后再去用喙叼住它的。如果它这么做的话，那娇弱的卵在狭窄而又堵塞的坑道里往下放的时候准会被挤压，必死无疑。

　　我感到非常尴尬。对象态橡栗象的身体结构很有研究的任何一位读者都会有此尴尬的。蚱蜢长有一把大刀①，那是它产卵的工具，可以把卵送到地下它所希望的深处去；褶翅小蜂配备着一个探头，可以钻穿石蜂筑成的水泥建筑，把自己的卵放到后者半睡半醒的胖幼虫的茧内去。但象态橡栗象却没有这类短剑、匕首，它的腹部什么都没有，绝对没有。然而，它只需把腹尖贴在井的狭小的孔眼上，就能立刻把卵送到橡栗底部去。

　　解剖将会告诉我们用其他办法所无法获知的谜底。我剖开象态橡栗象产妇。看到的景象令我瞠目结舌。那儿有一部古怪的机器，一根僵硬的棕红色尖头桩，与身体一样长，我觉得几乎像是一个喙，因为它与头部的喙很相似。那是一根管子，细如毛发，空尖端有点张开，状如榴弹发射筒，顶端鼓起，呈卵泡状。

　　这就是产卵工具，与钻孔器大小粗细相同。钻孔喙钻到哪儿，这个内喙——卵探测器便可下到哪儿。当产妇在橡栗上下钻时，它选择的钻探点就必须让这两个相辅相成的工具都能够

---

① 编者注：大刀指蚱蜢的产卵瓣呈锥状或刀形，蚱蜢产卵时将产卵瓣钻入土层，使腹部插入土中，导卵器导引卵粒，将卵产在土内适当的位置。

到达理想的地点——果仁底部。

现在，其他的就不言自明了。产妇的手摇曲柄钻干完活儿后，坑道完工，它便回转身来，把腹部末端贴在那钻孔上。然后，它拔出剑来，内喙显露出来，毫无困难地钻入锉屑堵塞的坑道。引导探头上什么都没有显现，因为它运转敏捷而小心。卵安置好之后，这个工具逐渐回收，缩回腹内，同样是滴水不漏。大功告成，产妇离去，而我们却一点也没有看出它的破绽。

我强调坚持是有道理的吧？一个表面看来无足轻重的情况刚刚以毋庸置疑的方式告诉我菊花象使人狐疑的地方。长吻管象虫有一个内探头，一个外部无任何痕迹的腹部喙。它们在其腹部秘密处藏有类似于蚱蜢和姬蜂的刺刀般的器官。

金步甲的婚俗

　　众所周知，金步甲是毛虫的天敌，所以无愧于它那园丁的称号。它是菜园和花坛中警惕的田野卫士。如果说我的研究在这方面不能为它那久负盛名的美誉增添点什么的话，那至少我可以从下面的介绍中向大家展示这种昆虫尚未为人所知的一面。它是个凶狠的吞食者，是所有力不及它的昆虫的恶魔，但它也会惨遭灭顶之灾。是谁把它吃掉的呢？是它自己以及其他许多昆虫。

　　有一天，我在我家门前的梧桐树下看见，一只金步甲慌忙地爬过。朝圣者是受人欢迎的；它将使笼中居民更加团结。我把它抓住后，发现它的鞘翅末端受到损伤，是争风吃醋留下的伤痕吗？我看不出有任何这方面的迹象。要紧的是它可不能伤得很厉害。我仔细地查验一番，看不见什么伤残，可以大加利用，便把它放进玻璃屋中，与二十五只常住居民为伴。

第二天，我去查看这个新寄宿者，它死了。头天夜里，同室居民攻击了它，那残缺的鞘翅没能护好肚腹，被对方给掏空了。破腹手术干净利落，没有伤及一点肢体。爪子、脑袋、胸部，全部完好无损，只是肚子被大开了膛，内脏被掏个精光。我眼前所见的是一副金色外壳，由双鞘翅合拢护着。对照一下被掏空软体组织的牡蛎，也没有它这么干净。

这种结果颇令我惊诧，因为我一向很注意查看，不让笼子里缺少吃食。蜗牛、鳃角金龟、螳螂、蚯蚓、毛虫以及其他可口的菜肴，我换着花样地放进笼中，菜量充足有余。我的那些金步甲把一个盔甲受损、容易攻击的同胞给吞吃掉，是无法以饥饿所致作为借口的。

它们中间是否已约定俗成，伤者必须被结果，其要变质的内脏必须掏空？昆虫之间是没有什么怜悯可言的。面对一个绝望挣扎的受伤者，同类中没有谁会驻足不前，没有谁会试图前去帮它一把。在食肉者之间事情可能变得更加悲惨。有时候，一些过路者会奔向伤残者。是为了安慰它吗？绝对不是，它们是为了去品尝它的味道，而且，如果它们觉得其味鲜美，则会把它吞吃掉，以彻底解除它的痛苦。

当时，有可能是那只鞘翅受损的金步甲暴露了它受伤的地方，同伴们受到了诱惑，视这个受伤的同胞为一只可以开膛破肚的猎物。但是，假如先前并没有谁受伤，那它们之间是否会相互尊重呢？从种种迹象来看，一开始，彼此之间还是相安无事的。吃食时，金步甲们之间也从未开过战，顶多只不过是相互从嘴中夺食而已。在木板下躲着睡午觉，而且睡得很长，也没见有过打斗。我那二十五只金步甲把身子半埋在凉爽的土中，安静地在消食、打盹儿，彼此相距不远，各睡各的小坑。如果我把遮阴板拿掉，它们立刻惊醒，纷纷四下逃窜，不时地相互碰撞，但却并不干仗。

平静祥和的气氛很浓，似乎会永远这么持续下去，可是，六月，天刚开始热时，我查看时发现有一只金步甲死了。它没有被肢解，同金色贝壳一模一样，如同刚才被吞食的那只伤残者的样子，使人想到一只被掏干净的牡蛎。我仔细查看了残骸，除了腹部开了个大洞，其他地方完好无损。由此可见，当其他的金步甲在掏空它时，那只受伤的金步甲是处于正常状态的。

不几天，又有一只金步甲被害，同先前死的一样，护甲全都完好无损。把死者腹部朝下放好，它似乎好好的；而让它背冲下的话，它便是一只空壳，壳内没有一点肉了。稍后不久，又发现一具残骸，然后是一只又一只，越来越多，以致笼中居民迅速减少。如果继续这么残杀下去的话，那我笼子里很快就什么也没有了。

我的金步甲们是因年老体衰而自然死亡，幸存者们是瓜分死者尸体呢，还是牺牲好端端的"人"以减少"人口"呢？想弄个水落石出并非易事，因为开膛破肚的事是在夜间进行的。但是，我因时刻警惕着，终于在大白天撞见过两次这种大开膛。

将近六月中旬，我亲眼看见一只雌金步甲在折腾一只雄金步甲。后者体型稍小，一看便知是只雄的。手术开始了，雌性攻击者微微掀起雄金步甲的鞘翅末端，从背后咬住受害者的肚腹末端。它拼命地又拽又咬。受害者精力充沛，却并不反抗，也不翻转过身来。它只是尽力在往相反的方向挣扎，以摆脱攻击者那可怕的齿钩，只见它被攻击者拖得忽而进忽而退的，未见其他任何抵抗。搏斗持续了一刻钟。几只过路的金步甲突然而至，停下脚步，好像在想："马上该我上场了。"最后，那只雄金步甲使出浑身力气挣脱开来，逃之夭夭。可以肯定，如果它没能挣脱掉的话，那它肯定就被那只凶残的雌金步甲开膛了。

几天过后，我又看到一个相似的场面，但结局却是完满的。仍旧是一只雌性金步甲从背后咬一只雄性金步甲。被咬者没作什么抵抗，只是徒劳地在挣扎，以求摆脱。最后，皮开肉裂，伤口扩大，内脏被悍妇拽出吞食。

那悍妇把头扎进其同伴的肚子里，把它掏成个空壳。可怜的受害者爪子一阵颤动，表明小命已休矣。刽子手并未因此心软，继续在尽可能地往腹部深深掏挖。死者剩下的只是合抱成小吊篮状的鞘翅和仍旧连在一起的上半身，被掏得干干净净的空壳便撇在原地。

金步甲们大概就是这样死去的，而且死的总是雄性，我在笼子里不时地看见它们的残骸。幸存者大概也是这般死法。从六月中旬到八月一日，开始时的二十五个居民骤减至五只雌性金步甲了。二十只雄性全都被开膛破肚，掏个干干净净。被谁杀死的？看样子是雌金步甲所为。

首先，我有幸亲眼所见，可以为证。我两次在大白天看见雌金步甲把雄的在鞘翅下开膛后吃掉，或至少试图开膛而未遂。至于其他的残杀，如果说我没有亲眼所见的话，我却有一个非常有力的证据。大家刚才全都看见了：被抓住的雄金步甲没有反抗，没有进行自卫，而只是拼命地挣扎逃跑。

如果这只是日常所见的对手之间的寻常打斗，那么被攻击者显然会转过身来的，因为它完全有可能这么做。它只要身子一转，便可回敬攻击者，以牙还牙。它身强力壮，可以搏斗，定能占到上风，可这傻瓜却任凭对手肆无忌惮地咬自己的屁股。似乎是一种难以压制的厌恶在阻止它转守为攻，也去咬一咬正在行凶的雌金步甲。这种宽厚令人想起朗格多克蝎，每当婚礼结束，雄蝎便任由其新娘吞食而不去动用自己的武器——那根能伤害恶妇的毒螫针。这种宽容也让我回想起那个雌螳螂的情人，即使有时被咬得只剩一截了，仍不遗余力地在继续自己那未竟之业，终于被一口一口地吃掉而未作任何的反抗。这就是婚俗使然，雄性对此不得有任何怨言。

我喂养在笼子里的金步甲中的雄性，一个一个地被开膛破肚，一个不剩，这也是在告诉我们那同样的习性。它们是已经对交尾感到满足的雌性伴侣的牺牲品。从四月至八月的四个月里，每天都有雌雄配对，有时是浅尝即止，有的时候，而且比较经常的是有效的结合。对于这些火辣辣的性格来说，这绝对是没有终结的。

金步甲在情爱方面是快捷利索的。在众目睽睽之下，无须酝酿感情，一只过路的雄金步甲便向一眼见到的雌金步甲扑将上去。雌金步甲被紧紧搂住，微微昂起头，以示赞同，而在其上的雄金步甲便用触角尖端抽打对方的脖颈。很快就交配完毕，双方立即分开，各自跑去吃蜗牛，然后又各自另觅新欢，重结良缘，只要有雄金步甲可资利用即可。对于金步甲来说，生活的真谛即在于此。

在我养的金步甲园地里，男女比例失调，五只雌的对二十只雄的。但这并不要紧，没有什么争风吃醋的拼搏。雄性平和地占用、滥交遇上的雌性。有了这种忍让精神，早一天晚一天，机会多的是，经过多次相遇相试，每个雄性都能泄掉自己的欲火。

我本想让雌雄比例趋于合理的，但纯属偶然而非有意才造成这种比例失调。初春时节，我在附近石头下捕捉遇上的所有的金步甲，不管是公是母，而且仅从外部特征去看也挺难分辨出雌与雄来。后来，在笼子里喂养之后，我知道了，雌性明显地要比雄性大一些。所以说，我那金步甲园地里的雌雄比例严重失调实属偶然所致。可以相信，在自然条件下，不会是雄性比雌性多这么许多的。

再说，在自由状态之中，不会见到这么多金步甲聚在一块石头下面的。金步甲几乎都是孤独生活着的，很少看见两三只聚在同一个住所里。我的笼子里一下子聚着这么多实属例外，而且还没有导致纷争。玻璃屋中场地挺大，足够它们爬来爬去，自由自在，优哉游哉。谁想独处就可以独处，谁想找伴儿马上就能找到伴儿。

再说，囚禁生活似乎并不怎么让它们感觉厌烦，从它们不停地大吃大嚼，每日一再地寻欢交尾就可以看得出来。在野地里倒是自由，却没这么受用，也许还不如在笼子里，因为野地里的食物没笼子里那么丰盛。在舒适方面，囚徒们也是身处正常状态，完全满足了它们的日常需求。

只不过在这里同类相遇的机会比在野地里多。对雌性来说这也许是个绝妙的机会，它们可以迫害它们不再想要的雄性，可以咬雄性的屁股，掏光它们的内脏。这种猎杀自己旧爱的情况因比邻而居而加剧了，但是肯定没有因此就花样翻新，因为这种习性并非是一时兴起所造成的。

交尾一完，在野外遇见一只雄性的雌金步甲便把对方当成猎物，将它嚼碎，以结束婚姻。我在野地里翻动过不少石头，可从未见到过这种场景，但这并没有关系，我笼子里的情况就足以让我对此深信不疑了。金步甲的世界是多么残忍呀，一个悍妇一旦卵巢中有了孕无需情人时便把后者吃掉！生殖法则拿雄性当成什么，竟然如此这般地残害它们？

这类相爱之后同类相食的现象是不是很普遍？目前来说，我已经知晓有三类昆虫是这种情况：螳螂、朗格多克蝎和金步甲。在飞蝗这个种族中，情况没有这么残忍，因为被吃掉的雄性是死了的而非活着的。白额雌螽斯很喜欢一点一点地嚼已死的雄性的大腿，绿蚱蜢也有这种情况。

在一定程度上，这里面有个饮食习惯的问题：白额螽斯和绿蚱蜢首先都是食肉的。遇见一个同类尸体，雌虫总是多少要吃上几口的，不管它是不是其昨夜情郎。猎物就是猎物，没有什么情郎不情郎的。

　　可是素食者又是怎么回事呢？接近产卵期时，雌性距螽竟冲着它那尚活蹦乱跳的雄性伴侣下手，剖开后者的肚子，大吃一通，直至吃饱为止。一向温情可爱的雌性蟋蟀性格会突然暴戾，会把刚刚还给它弹奏动情的小夜曲的雄性蟋蟀打翻在地，撕扯其翅膀，打碎它的"小提琴"①，甚至还对小提琴手咬上几口。因此，很有可能这种雌性在交尾之后对雄性大开杀戒的情况是很常见的，特别是在食肉昆虫中间。这种残忍的习性到底是什么原因促使的呢？如果条件允许的话，我一定要把它弄个一清二楚。

---

①　编者注：蟋蟀右翅有短刺，左翅有硬棘，双翅开合摩擦可以发声，法布尔将其比喻为小提琴。

圆网蛛

圆网蛛的才能不因年龄之不同而发生变化。小圆网蛛未成年时如何工作，老年圆网蛛即使积累一年的工作经验，但也同幼年时一样地工作。在它们的行当中，既无师傅也无徒弟，从铺第一根丝起，个个都对自己的行当非常精通。

七月初，一天傍晚，暮色苍茫，当新居民们正在我的荒石园的迷迭香上编织蛛网时，我突然在门前发现一只肚大腰圆、高傲而美丽的蜘蛛，是一位胖夫人，头年刚出生，其威风凛凛之态，在此季节实属罕见。我认出它是角形蛛，一身灰衣服，两根暗色饰带嵌于身体两侧，于后部相会，聚成一个尖端。它从左右两侧把肚子底部短时间内胀得鼓鼓的。

我注意地观察着它，看到它拉出了一批丝来。整个七月以及八月的大部分日子，每晚八点到十点，我都可以追踪观察它的织网过程。每晚都有小飞虫冲撞落入蛛网，或多或少地都会有些破损，所以它每天都得加以修补，免得洞越弄越大，难以修补，影响捕猎。晚间，我提着灯笼，很容易观察它所做的各种作业。它身子藏于一排柏树和一丛月桂之间的高处，面对着飞蛾经常飞临的狭窄通道。它的网设置的位置极佳，因为在整个夏季里，它虽然每晚都得修补破网，十分辛苦，但也说明它的猎获成绩斐然。有时候，黄昏时分，我们全家都会跑去看它。看到它在颤动不已的绳网上大胆地做着那么惊险的杂技动作，大人孩子全都十分惊叹。在我的提灯照亮之下，蛛网变成了一个美丽的圆形花饰，仿佛是月光编织而成的。

我把蜘蛛的业绩记录下来，每日一记，毫不遗漏。从这些大事记中，我们首先可以了解到建造这个圆形建筑物的丝线是如何取得的。圆网蛛白天就蜷缩在柏树的绿叶中，到晚上八点光景，它便走出自己的隐居地，来到树梢儿上。它立于这高地上，先仔细地观察现场，制订计划，还要观云望天，看看夜间天气是否晴朗。

这之后，它便突然完全伸展开它的八条长腿，身子悬吊在从纺织器里拉出来的丝桥上，直线坠落。在下坠的过程中，丝也随之抽出。它就凭借自身重量作为拉力。但下坠并不因重量而加速，而是由纺织器在进行调节。它边下坠边收缩，或扩张或闭合纺织器的毛孔。这样缓缓地下降时，这条充满活力的垂直丝线就越拉越长。降到离地面两寸高时，它突然停下，纺织器停止了工作。它抓住自己刚刚拉出来的丝，回转过身来，一边纺织一边沿原路往上爬去。但这一次体重却帮不上忙，它得另外想办法拉丝：后面的两个步足迅速地交替运作，把丝从丝囊里拉出来。

它回到了两米高处的出发点。它已拥有一根双股丝线，结成环柄状，在空中轻轻地飘荡着。它把这双股丝线的一端固定在适当的地点，等着另外的那一端被风吹起来，把环柄黏结在附近的细树枝上。

也许要等待很久才能得到预期的结果。圆网蛛看上去倒挺有耐心，一点也不着急，可我却按捺不住，便走上前去助它一臂之力。我用麦秸把飘荡着的环柄挑起，把它搭在高度适当的一根细树枝上。经我这么一弄，丝桥搭建成功了，圆网蛛看来颇为满意。当它感到丝的另一端已经黏住时，便从桥的一头到另一头一连跑了几个来回，每跑一趟都会在丝桥上加上一股丝线。它就这么不停地编织着框架的主要构件，悬挂丝缆便铺设好了。这丝缆很细，看起来也很简单，但它的两端却像是开花似的分散开来，形成树枝状。圆网蛛来回多少趟，便有多少个分叉。这一股股的分叉丝线，黏着点各不相同，使丝缆两端固定得十分牢靠。

　　悬挂丝缆则比整个蛛网的其他部分都更加牢固，所以它留存得也就更久。经过一夜的捕猎，蛛网一般都会受到不同程度的损坏，第二天晚上几乎都得加以织补。在彻底清理过的地方，战场打扫完了，就得重起炉灶，只有丝缆除外，因为重新编织的网还得悬挂在这根粗粗的丝缆上。这条丝缆架设起来并非易事，因为架设成功与否并不完全凭借圆网蛛的技艺，还得依靠空气的流动，把细丝吹到灌木丛中去寻找一个依托。所以，架设起来会费不少的时间，而且无法保证必然成功，一旦架设好了一条既牢固、方向又好的丝缆之后，是不会轻易更换掉它的，除非发生了严重的事件。每天晚上，圆网蛛都从丝缆上走过来走过去，用新的丝来加固它。

　　当圆网蛛无法下坠到必需的位置，丝线太短，不能将环柄固定在远处，因此就形不成双股丝，搭不成丝桥的时候，它便采用另一种方法。它仍然下坠，然后又爬上来；不过，这一次丝的一端像蓬松的毛笔，各个细杈没有粘在一起，宛如从淋浴蓬头里洒出来的水似的。然后，这根如同浓密的狐狸尾巴似的细丝，像是被剪刀剪断了一样，伸展开来，整根丝拉长了一倍。现在，它的长度便达到了要求，圆网蛛便把丝的一端固定起来，另一端则随着分散的枝杈随风飘荡，不一会儿就会很容易地黏结到灌木丛上去了。

　　圆网蛛无论是以何种方式铺设的丝缆，只要是铺设成功了，它就有了一个基地，可以随时接近或离开作为依托的枝杈了。这根丝缆是它扩建工程的上限；圆网蛛从这根丝缆可以变换降落点，往下滑一点，边滑边抽丝，再沿着抽出的丝往上攀爬，同时也抽出丝来，形成双股丝。圆网蛛在大丝桥上行走时，这双股丝便一直延伸到系着丝桥的细枝，随即便把双股丝自由的一端或高或低地系在细枝上，从而在左右两边造出了几个斜向横档，把丝缆和枝杈连在了一起。而这些斜向横档转而又支撑着其他的方向都有变化的横档。待到横档达到一定数量的时候，圆网蛛就无须再用下坠的方法来抽丝了，它可以从一根丝索到另一根丝索，用它的后足拉丝，逐渐地把丝架设起来，因此便出现了一系列的直线组合。这种组合并无一定之规，却是保持在几近垂直的同一平面上。一个极不规则的多边形空地就这样圈定了，蛛网就编织在这片空地上，应该指出，网本身却是一个非常有规则的作品。

　　圆网蛛都是以中心瞄准点作为标杆来铺设等距离的辐射丝的。在铺设时都有辅助螺旋丝作为脚手架，但这脚手架只是临时性的，用完就丢弃。还有许多圈相互紧密靠拢着的捕捉飞虫的螺旋丝。铺设这种捕捉飞虫的螺旋丝是一项极其精细的工作，因为工程要求必须有规则性。这么精细的工作是否需要极其安静的环境，不受外界的干扰，以免走神出错呢？它是不是需要安静的环境边干活边思考呢？其实是用不着的。我在一旁观察，而且手里还提着提灯，但它并未因此而分心走神，照样细心地工作着。它就像一架在黑暗中转动着的纺车，即使被光线照射着，仍旧在继续忙着自己的活计，既没加快速度，也没放慢步伐。

八月的第一个星期日是主保圣人节。星期二是庆祝活动的第三天，这一天晚上，村里在九点钟时，得放烟花庆祝节日的结束。烟花燃放点正巧设在我家门前的大路上，离我的圆网蛛的工作地点只有几步远。大家敲着鼓，吹着号，手持树脂火把，再加上村里的小孩的欢闹，真的是一片熙熙攘攘，吵吵闹闹。这时，我的纺织姑娘正好在铺设它的大螺旋丝。我提着灯在观察着，但是，我仍旧看见纺织姑娘在静静地专心工作着，人群的喧闹声、鞭炮的噼噼啪啪声、烟火的吱吱声及五颜六色的火花散落时的亮光，丝毫没有引起纺织姑娘的惊慌不安，它继续在有板有眼地忙碌着，如同平常在寂静的夜晚里一样。

圆网蛛刚刚在休息区边上结束了铺设大螺旋丝的活计，便把用节余的丝头线脑儿做成的中央坐垫给吃掉了。但是，在把这顿标志着织网工作结束的夜宵吃掉之前，蜘蛛目中只有两种蜘蛛——彩带蛛和丝蛛——还要对自己的工程进行最后的检查、认定，也就是说，它们还要从中心到休息区下部边缘铺设一条紧密相靠着的白色之字形带子。有的时候，甚至在上部也会再铺设一条同样形状，但稍短些的带子。这种带子看似古怪，其实是用来加固蛛网的。年幼的圆网蛛开始时并不做这种加固工作，因为它们并未达到考虑未来的年龄，还不懂得节约用丝的重要性，所以，尽管网并未完全损坏，仍可以使用，但它们每晚仍要重新编织新网。既然还要重织新网，那旧网加固不加固又有什么关系呢？

可是，到了秋末冬初，成年蜘蛛感到产期临近，便不得不勤俭节约了，因为不仅卵袋消耗丝的量很大，而且，成年蜘蛛的网做得也大，需用的丝也就多，因此，它们不得不厉行节约，使网用的时间长些，免得筑巢搭窝要用丝时，捉襟见肘，日子难熬。

也许是出于这一考虑，或者有其他我尚不知晓的原因，反正彩带蛛和丝蛛认为有必要建造持久耐用的工程，用一根横向贯穿的带子来加固它们的捕虫网。而其他的圆网蛛的卵袋只不过是个简简单单的小弹丸，用丝不多，所以没有必要去编织加固丝网的之字形带子，它们与年轻蜘蛛一样，每天傍晚都要重新编织一个蛛网。

我们再来看看角形蛛是如何进行重新织网的工作的。日暮黄昏时分，角形蛛便从其隐居地小心翼翼地爬出来，离开遮蔽着它的柏树叶，来到捕虫网的悬挂缆上。在上面稍稍待上一会儿之后，它便下到网上，大把大把地收拢废网，把螺旋丝、辐射丝和框架全都扒拉到步足下面来，只把悬挂丝缆留着，因为这个结实的部件是原建筑物的基础，稍事加工，仍可留作结新网之用。

收拢来的废网被揉捏成一小团，像吃猎物似的被蜘蛛吃掉，一点不剩。这再次表明圆网蛛是多么会过日子，多么克勤克俭。这些废网丝经过蜘蛛胃的加工，又变成液体，将留作他用。

清扫完场地之后，角形蛛便在留下的那根悬挂丝缆上开始编织框架和网。晚上九点钟光景，角形蛛把网编织好了。晚间天气甚好，树梢纹丝不动，正是飞蛾夜巡、自投罗网之时。刚才我已经说了，在大螺旋丝弄好之后，圆网蛛就将中央小坐垫给吃掉了，然后回到休息区去守株待兔。这时候，我便用小剪刀沿着一条直径把蛛网剪成两半。辐射丝立即收缩回来，网上便出现了一个可以伸进三个指头的空洞。

躲藏在丝缆上的蜘蛛看着我在搞破坏，倒也并不太惊慌。当我剪完之后，它便平静如常地爬了回来，在剩下的那半张网上停下，待在整个圆面的中央。由于身体的一侧的步足没有地方可以支撑，它便明白这网已经破损，便立即拉了两根丝横穿在缺口上，没有地方支撑的步足便伸到这两根丝上，它就不再动弹了，一心在窥伺着飞虫的落网。

这个纺织姑娘整个晚上都没有像我所企盼的那样去把破网织补好，而只是死守在那半张剪剩下来的残缺不全的网上，等着捕获猎物。因为第二天早晨，我又去看时，那网仍旧与我头天晚上离开时一模一样，没有任何织补了的迹象。

横拉在缺口上的那两根丝并不是它想修补破网。由于身体一侧的那些步足失去依托，要去打猎时，它便从裂缝中穿过去。在它往返的路上，它像其他的圆网蛛一样，留下一根丝来。但这也并不说明它想织补破网，而只是心情不佳、闷闷不乐、来回走动，借以消怒而留下的丝而已。我用剪刀剪坏它的网，它却固执地不去织补，那好，一计不成，我另设一计。

第二天，蜘蛛把头一天的网吞吃下肚之后，又织出了一张新网。工作完毕之后，我趁它回到中央区待着时，用一根麦秸小心翼翼地拨动螺旋丝，把它拉出来，但并不破坏辐射丝和休息区。螺旋丝晃动着，一截截地断了。捕虫螺旋丝损毁，蛛网就没有用了，尺蛾飞过也捕捉不到。面对这场灾难，圆网蛛会干什么呢？它什么也没干。它只是一动不动地待在我给它预留的休息区里，等待捕捉猎物。但那网已经起不到捕捉飞虫的作用了，它白白地守候了一夜。翌日清早，我去查看时，发现那网仍破损如昨，足见圆网蛛虽饥肠辘辘，仍不思修补自己的大本营。

也许它在铺设好那根大螺旋丝之后，丝腺里的丝已经告罄，不可能再连续不断地吐丝了。但我却希望不是这个原因造成的，盼着另有原因，我坚持不懈地等待着，终于有了结果。在我紧紧地盯着它在绕大螺旋丝时，有一只猎物傻乎乎地落入这个残缺不全的陷阱。圆网蛛一见，立刻放下手上的活计，冲向那个倒霉的冒失鬼，用丝把它缠住，美美地吃了起来。在与那个挣扎的倒霉蛋搏斗时，圆网蛛看到网的一角被撕破了，出现了一个大洞，这会影响捕猎。面对这个大洞，它会如何处置？这时候必须赶紧修补，否则就永远无法进行修补了。事故就出现在它的脚下，它不会不知道的，再说，此刻它的纺织厂正在开工，纺织器里不会没有丝。可它根本就没去理会，它把猎物吮吸了几口之后便撇下了，回到因捕食尺蛾而中断了工作的地方，继续去铺设它的大螺旋丝。有些人不知出于什么理论的需要，竟然大肆颂扬蜘蛛的织补能力，可我所做的实验却证明完全不是这么回事：蜘蛛根本就不会修补破网。它尽管苦恼，若有所思，但却不会去给破洞加以修补。

其他的一些蜘蛛不会编织大网眼的网，经它们织出的绸缎上，丝线随意地交叉着，形成了连续不断的丝网。这类蜘蛛中包括家蛛。它们在我们的墙角上铺就一块宽大的丝网，固定在墙角突出的地方。它就躲在侧面的角落里，那是它的住所，这住所是一根管子，管口呈锥形，对它而言是一个长廊，它就藏于其中，窥伺外面的情况。这块丝网胜过我们最柔软的平纹布，极其精细，但它并不是一个捕猎工具，而是一座平台，蜘蛛可在上面巡逻，特别是在夜晚。真正的捕猎器是张在这个平台上的一堆乱丝绳。这类蜘蛛编织捕猎器的规则与圆网蛛不同，因而其运作方式也有所不同。那上面没有黏稠的线，只有简单的线圈，由于铺就得密密麻麻，猎物一旦落入，甭想溜掉。一只飞虫落入此陷阱，越是挣扎，就越是被缠得紧紧的，家蛛见状，立刻冲上前去，把它咬死。

　　我做了个实验。我把家蛛的这块丝网弄了个圆洞，直径有两指宽。一整天，洞就这么敞开着，但是，到了第二天，我却发现洞已经被堵住了。盖着洞口的是一片细密的薄纱，薄得看不出来，必须用一根麦秸去挑一下，才能感觉得到，因为麦秸往那儿一戳，丝绸布便会摇动，便会知道是遇到障碍物了。

　　事情是明摆着的：夜里，家蛛把破损建筑物修补过了，给破丝绸布添了个补丁，这可是圆网蛛所不具备的才能。家蛛的这块丝绸布既是它的监视哨所，又是它的捕猎网，猎物一旦被上面的吊索抓到，便会坠落到这块丝绸布上。这个捕猎场不断地会有猎物坠落，但却并不很牢固，因为墙皮斑驳，有细泥灰落下，把网坠破，所以家蛛得经常加工，每天夜晚都要在上面加上新的一层。

它每次从管状隐蔽所出来或回去，总要把系在身后的一根丝牵长，留在走过的路上。我每每可以看见搭在表面的丝线，其方向全都汇聚在管状隐蔽所的入口处，无论家蛛走的是直道，还是拐来绕去。这就表明，它每走一步，都要给这块丝绸布添上一根丝线。这与松毛虫倒是同出一辙，松毛虫夜晚从其丝屋里出来进食或返回屋里休息，总要在其住所的表面留下一条丝线。每次出征都要为自己的住所"添砖加瓦"。

家蛛正是如此，它每天夜晚都要到平台上来溜达，同时也就给平台加上了一层，无论平台上是否出现空洞。它这并非有心在为撕破的地方织补一块，而只是继续在做自己的习惯动作。如果说破洞终于给补上了，那也只是说明是习惯使然，而非家蛛特意为之。再者，如果说要把破洞织补上的话，那它就该集中全部注意力，把丝全都用在破洞上，一下子把损坏处弄得与其他地方一样的平展。可我所看到的却是，破损的地方只留下一层薄薄的几乎看不见的细纱。显然，它在破洞上的所作所为，与它在别处的做法一模一样，不多也不少。它并没把丝全用在破洞上，它这是在节约材料，以便留着丝好织一整张网。要把损毁处逐渐地修补好，得花好长的时间。足见，无论是地毯女工还是纺织姑娘，都不懂织补这门手艺。现在，我们还是来仔细观察一下圆网蛛是如何巧妙地编织自己的螺旋丝网的。只要稍加留意，就会发现，组成捕虫网的丝与构成框架的丝是不一样的。它们在阳光下闪烁着，显现出其中的结节，状似一串小颗粒编成的念珠。因为一有点风，网就飘来荡去的，无法用显微镜直接观察。于是，我便把一块玻璃片放在网下，抬起那张网，取下几段丝来，平放在玻璃片上，然后把它放在放大镜和显微镜下面仔细地加以观察。

我简直无法相信，这些肉眼看不太清的丝的末端，竟然是一圈圈密实的螺旋丝，而且，这丝还是空心的，是一根极细极细的管子，管内满是类似阿拉伯树胶的黏液。这黏液从丝端流出半透明状的液体。我用玻璃片压住它，放在显微镜下的托座上，只见螺旋卷延伸成细带，带子从一头到另一头全都扭卷着，中间有一道暗线，即为空腔。

丝里面的黏液就穿过这卷曲的管状丝的壁，一点一点地往外渗，使整个网都具有黏性，而且黏度很高。我用一根细麦秸轻轻地触碰了一段丝的第三、四节。尽管是轻而又轻地一触，麦秸还是被粘住了。我抬高麦秸，丝被拉起，长度比原先增长了一两倍，最后，由于绷得过紧，丝便脱落了，但并没有断，只是缩回到原先的长度了。丝被拉长时，螺旋卷便松开，缩回去时，又卷曲起来。最后，黏液渗到丝的表面，使丝变成了黏合物。

总之，这螺旋丝是我从未见过的纤细如发丝的细管。它卷成螺旋状以便具有弹性，使之经得住猎物的挣扎而不致被拉断，让猎物得以逃脱。丝管里储存着大量的黏性物质，不断地渗透出来，在丝的表面因暴露于空气中而减弱黏附力的时候，可以恢复丝的黏性。这简直是太奇妙了。圆网蛛并不是在一般的网上捕食，而是在带黏胶的网上捕猎。其黏性之大，令人叫绝，就连蒲公英的冠毛轻轻擦过，也都会被黏牢。可是，圆网蛛天天在这张网上爬来爬去，怎么就没被黏住呢？

我前面已经介绍过，蜘蛛在其捕虫网的中央留着一个区域，黏性螺旋丝是不进入这一区域的，它们在离这个中心区尚有一定的距离时便终止了。这个中心区域在整张网中占有掌心那么大的面积，它由辐射丝和辅助螺旋丝的开端构成，不具有黏性。我用麦秸在这个中心区试探过，在这个中心区内的任何地方，都不会被黏住。

圆网蛛只是驻守在这个中心区，这个休息地内，几天几夜地监视着，等待猎物自投罗网。但是，猎物经常是在大网的边缘被黏住的，蜘蛛一见，立即冲上前去，把猎物五花大绑，让它挣扎不了。那么，它是如何在那黏性丝上行走的呢？我见它行动时快如闪电，毫不犯难，黏性丝并未因其步足的移动而被带起来。这到底是怎么回事呀？

我小的时候，每逢周四下午不上课时，同学们都会三五成群地跑到田野里去抓金丝雀。我们在给竹竿头上涂黏胶之前，总要先用点油抹抹手，以免粘住了自己的手。圆网蛛是不是也了解油脂的这个用途呢？

我用纸蘸了点油把麦秸擦了擦，再把它拿到螺旋丝上试了试，果然，麦秸没被丝粘住。于是，我便从一只活圆网蛛身上取下它的一只步足，把它放在涂了油的麦秸上让它与黏丝相接触，它就像是在非黏性丝上一样，没有被粘住。圆网蛛在任何情况之下都不会被粘住，这一点我们早就应当预料到的。

我又做了一个实验，结果却完全不一样了。我把这只步足先放在油脂物的最佳溶解剂——硫化钠中浸泡了一刻钟，然后，用一支浸泡了这种溶解剂的毛笔仔仔细细地把这只步足清洗了一番，然后，把它与捕虫网的螺旋丝一接触，它就立刻被粘得牢牢的了。我因此得出结论，圆网蛛之所以不会被黏性极强的螺旋丝粘住，说明它身上肯定有一种脂肪物质。仅仅由于出汗，也会在蜘蛛身上轻轻地涂上一些这样的脂肪性物质。蜘蛛身上涂着一层特殊的汗液，在网上就能行动自如，不用惧怕那黏性螺旋丝了。

不过，即使如此，圆网蛛也不可在螺旋丝上待得太久。与这种黏性丝接触得太久，就会造成黏附，从而妨碍它行动自由，而它必须保持敏捷的身手，才能在猎物挣脱掉之前，把猎物尽快地捆绑起来。因此，它用来长时间窥伺的地方是绝对不会有黏性极强的螺旋丝的。圆网蛛只是在这块休息区里才这么静止不动地长时间待着。它伸开自己那八只步足，时刻准备着发现蛛网晃动，有猎物落网，冲将出去。它即使是用餐进食，也是待在这个休息区里。因为有时猎物较大，得吃上好长时间，只能把猎物弄到休息区里来美美地细嚼慢咽。它在把猎物五花大绑，使之失去挣扎能力之后，把它拖到一根丝的末端，以便在没有黏性的中心区里享用。

这种黏性胶数量很少，无法对它的化学特性加以研究。我们从显微镜下可以看到从断丝里流出一种略带粒状的透明液体。我通过实验了解了这种液体的情况。

我用一块玻璃片穿过蛛网，采集到了一些固着呈平行线的黏胶丝，然后，把这块玻璃片放在水面上，用一个罩子把它罩起来。罩子里湿度很高，不一会儿，蛛丝边儿便伸展开来，在一种可溶于水的套管中逐渐膨胀，变成了流体。这时候，丝管的螺旋形状消失了，在蛛丝的管道里出现了一种半透明的圆珠，也就是出现了一些极小极小的颗粒。

　　二十四小时之后，丝里面的汁液没有了，丝变成了几乎难以看出的细线。我如果在玻璃片上滴上一滴水，几乎立即便会看到一种黏性分解物。由此可见，圆网蛛的黏胶是一种对湿度极其敏感的物质，在湿度饱和的环境下，它会大量地吸收水分，然后通过丝管渗透出来。因此，圆网蛛通常不会在大雾天里织网，更不用说在雨天了，因为捕虫网被雾浸湿便会溶解成黏性破片，由于受潮而失去效用，但这并不妨碍它们构建总的框架，架设辐射丝，甚至绕辅助螺旋丝，因为这些部分不会因湿度过大而受到损毁。

　　在毒日头的暴晒下，捕虫网为什么没有变干、萎缩，变成僵硬而无活力的细丝呢？反而始终是那么具有弹性，而且黏附力越来越强呢？这完全是由于它对湿度的极大的敏感性导致的。空气中永远都会存在湿气，湿气会慢慢地浸入到黏性丝里去，随着丝里原有的黏性的逐渐消失，它会按照要求稀释丝管里浓稠的胶汁，并让胶汁渗透到管外来。这就解决了螺旋丝变干变硬的问题。尽管如此，我仍旧没有弄明白这个出色的拉丝厂是如何工作的。丝质的东西怎么会铸造出极细的管子来？这管子又怎么会充满着黏胶，而且卷成螺旋形？这同一家拉丝厂怎么既能提供普通丝，用来加工框架、辐射丝和螺旋丝，又能提供彩带蛛丝袋里的那种棕红色的丝以及装饰在丝袋上的横条黑色饰带的？我看见了这许许多多不同品种的产品，却不了解这部机器是如何运作的。我才疏学浅，这个问题只好留待解剖学家和生物学家去解决了。我们现在还是来看看圆形蛛身上是否有"电报线"吧。

在我所观察的六种圆网蛛中，只有彩带蛛和丝蛛这两种蜘蛛即使是烈日当头，也始终待在自己的网上，而其他的蜘蛛一般都是在夜晚出现。它们在离网不远的灌木丛里有自己的简易隐蔽所，白天通常都待在那儿静止不动，专心窥伺外面的动静。但是，它毕竟离得较远，它到底怎么发现猎物落网的呢？其实，网的颤动比亲眼看到猎物更会引起它的警觉。我做了一个实验，在彩带蛛的黏胶网上放了一只刚刚死去的蝗虫。不管我怎么放，蜘蛛都没有任何反应，即使我把蝗虫放在它的前方不远处，它仍旧是一动不动，似乎毫无知觉似的。我于是便用一根长麦秸轻轻地拨动了一下死蝗虫，彩带蛛和丝蛛立即从中心区冲了过来，其他的一些蜘蛛也从树叶下面钻出来，奔向猎物，用丝把猎物捆了个结结实实，如同平常捕捉活物一样。这就证明，必须让网震动才能使蜘蛛发动攻击。

会不会是因为蝗虫体色泛灰，不太能引起蜘蛛的注意？那么，就给它换一个颜色鲜亮的猎物，红色的。蜘蛛捕食的猎物中还没见过有穿红颜色外衣的，我便用红毛线绕了一个小圆团，大小与蝗虫一般，粘在蛛网上。

此计甚妙。只要小毛线团一动，蜘蛛就立刻冲过来；没让毛线团动弹时，蜘蛛却是静止不动地待在其中心区域里的。有一些冲过来的蜘蛛，傻乎乎地用脚尖触碰小红线团，用丝把它捆绑了起来，甚至还咬了咬这个诱饵。这时候，它们才发现那不是什么猎物，便悻悻地离去了。另外一些蜘蛛比较狡猾，虽然也被这红毛线制作的诱饵吸引了过来，但它们先用触须和步足进行了试探，立刻便发现那不是什么可吃的东西，就没浪费自己的丝去捆绑诱饵。经过一番检查，便弃之离去了。

但是，不管怎么说，聪明的也好，愚笨的也好，反正它们都冲了过来。那么，它们究竟是怎么获得情报的呢？肯定不是靠视觉。在发现错误之前，它们必须先用步足抓住"猎物"，甚至还要咬一咬。蜘蛛的视力极弱，诱饵不会动弹，即使近在咫尺，它们也看不见，何况，多数情况之下，捕猎是在夜间进行的，即使视力再好，夜晚也看不清东西。所以，它一定配备有一个远距离接收信息的仪器。我们随便找一只蜘蛛来观察，就会发现，当它白天躲在隐蔽处窥伺时，有一根丝从网的中心拉出来，斜向拉到蛛网平面之外，一直通向蜘蛛白天的隐蔽哨所。这根丝线除了与中心点相连之外，与蛛网的其他部分没有任何关系，与框架的线也不发生交叉。这条线通常长约半米。角形蛛因为高踞于树上，它的这根丝线就更长些，达两米。显然，这根斜向丝线是一座丝桥，当蜘蛛遇有紧急情况，便会迅速地从桥上跑到网上来，巡查结束后，又从桥上返回隐蔽哨所。实际上，这就是它往返所走的路。但是，可能不仅如此。如果圆网蛛只是为了在隐蔽所和网之间搭建一条快速通道的话，把丝桥搭在网的上部边缘不就行了吗？这样的话，路程既短，斜坡又不陡。

再有，这根丝为何总是以黏性网的中心为起点，而不设在别处呢？因为这个中心点是辐射线的汇聚处，是一切震动的震中，网上的所有东西都会把其颤动传到这个中心点上，因此，中心点上的这根斜向丝线就可以把猎物挣扎震颤的信息传到远处。这根线是个信号器，是根电报线。

我们再来做个实验。我把一只活蝗虫放到蛛网上，被粘住的猎物拼命地挣扎。只见蜘蛛立即兴冲冲地爬出隐蔽所，从丝桥上下来，扑向蝗虫，把它捆绑住，注射上麻醉药，然后，用一根丝把俘虏固定在丝器上，拖到隐蔽所，美滋滋地享用起来。

过了几天，我又对它进行实验，仍旧用的是一只蝗虫。但这一次，我先把信号天线给剪断了。猎物放到网上后，同样是拼命地挣扎，震颤着蛛网，但蜘蛛却一动不动，好像无动于衷似的。这并不是因为丝桥断了，它来不了了，它有几十条道路

可以来到该去的地方，因为网由许多丝系在枝丫上，通道多的
是，来去自由，方便至极。可是，捕猎者就是没动地方。为什
么呀？因为它的电报线被我给剪断了，没有获得引起猎物的震
颤的消息。整整一个钟头了，蝗虫仍旧在踢蹬着腿挣扎着，捕
猎者仍旧是一动不动地待在原地。最后，它发觉那根信号线绷
得不紧，很是蹊跷，便顺着框架上的一根丝，毫不困难地来到
网中，了解情况。于是，它发现了猎物，立即将它捆绑起来，
然后，又去架设电报线，取代被我剪断了的那一根。它通过这
条新丝桥，拖着战利品，回到隐蔽处。

　　这之后，我又对其电报线长达三米的粗壮的角形蛛进行了
实验；后来，又对另一种圆网蛛——漏斗蛛进行了实验。这两
次用的猎物是蜻蜓，实验的方法相同，结果也完全一样。实际
上，各种蜘蛛都有这种捕猎所必需的电报线，不过，只是到了
喜欢休息和长时间地打盹儿的年龄才会有。年幼的圆网蛛则没
有，一来是因为它们比成年蜘蛛警觉，二来它们也没有掌握收
发电极的技术。再者，年幼蜘蛛编织的网存在的时间短，没等
到第二天，就全都不能用了，所以没有架设电报线的必要。

　　埋伏着的蜘蛛的脚一直踩在电报线上，这样一来，它就可
以不必总要强打起精神来时刻警惕着，可以安然地休息，用不
着过分劳累，甚至背朝着网也能知晓网上的动静。我就观察过

一只胖大的角形蛛，它在两棵月桂树中间编织了一张直径有一米的大网。阳光照射在网上，而角形蛛在黎明时分便已离开了网，躲藏在它白天休息的庄园里。我顺着那根电报线查过去，很容易地就发现了它的庄园。那是一个用几股丝连起来的枯叶建成的隐蔽所。此屋极深，角形蛛除了它那圆乎乎的屁股之外，身子全都隐蔽得看不见了，而它那肥臀却把隐蔽所的大门堵了个严严实实。

它把前半身整个儿地藏进隐蔽所里，根本就看不到它的那张大网，即使它视力再好，而非弱视，它也无法看见猎物。这并不说明，在这阳光普照的时刻，它只顾歇息，不想捕获了，我们再来仔细地观察一下。只见它的一只后步足伸到屋外来，而那根电报线就连在这只足的足尖上。突然间，有只猎物撞到网上，这只步足立刻接收到了震颤的消息，角形蛛睡意顿消，立即惊醒过来，冲了出去。那是我故意放上的一只蝗虫，引得它匆匆地赶来。它见了那只蝗虫后，非常满意，而我则因为刚才所获得的资料，比它更加开心。

第二天，我切断了电报线。然后，我放了两个猎物（一只蜻蜓和一只蝗虫）在那张大网上。蝗虫那带刺儿的长腿拼命地踢蹬着，而蜻蜓的翅膀则一直在颤抖着，几片离蛛网很近的树叶，由于与蛛网框架的丝线连在一起，也跟着摇动个不停。这么大的动静就发生在离角形蛛非常近的地方，却没有引起它的注意来，它根本就没有扭转身子来探看一下发生了什么事情。报警线断了，角形蛛成了睁眼瞎，什么都不知道了，整整一天，它就这么待着，一动不动。晚上八点，它爬出隐蔽所来重新织网时，才突然发现这两只天赐猎物。

　　另外，我也想介绍一下圆网蛛的"洞房花烛夜"的情况。圆形蛛同昆虫一样①，也要交配，也要繁衍子孙后代。不过，这虽然十分重要，可我也不想赘述，因为圆形蛛野性十足，它们神秘的一夜情，很容易变成悲剧性的葬礼。

　　说实在的，我只见过一次蜘蛛交尾，这还得感谢我的胖邻居——角形蛛，是它给了我这次观察的机会，因为我经常要去拜访它。经过情况是这样的：八月的第一个星期，晚上九点来钟，天气晴朗，炎热无风。我的这位胖邻居还没织网，一动不动地待在悬挂丝上。此刻本应是忙着干活儿的时候，它却如此悠闲自在，我好不纳闷儿，觉得必定有什么事情发生。果不其然，我看到一只雄蜘蛛从附近的灌木丛中奔来，爬上了缆绳。

---

① 　编者注：蜘蛛不属于昆虫，蜘蛛属于节肢动物门蛛形纲，昆虫属于节肢动物门昆虫纲。此外，蜘蛛不具备昆虫共同的身体分为头、胸、腹三部分，有六只脚等特征。但因为蜘蛛和昆虫有着较多的共同特点和关联，因此本书也将其纳入研究范围。

　　来者是个侏儒，矮小瘦弱，却跑来向胖夫人献殷勤。这个小东西，待在偏僻的角落里，怎么会知道这儿会有一只已达适婚年龄的雌蜘蛛呢？夜深人静，没有呼唤，没有信号，它们是怎么了解到的？大孔雀蝶是闻到神秘的气息，才从方圆几公里的地方飞到我的房间里来，拜访被我罩在玻璃罩下的雌性大孔雀蝶的。今晚的这个小家伙也是个夜间朝圣者，它越过乱七八糟的树叶，准确无误地直奔那位走钢丝的女杂技演员。它具有可靠的指南针为它指引方向，奔向雌蜘蛛。它在悬挂丝缆上小心翼翼一步一步地向前爬着，爬到一定的距离，它却停了下来。它在犹豫不决？它还会更靠近些吗？时机成熟了吗？不是的，只见雌蜘蛛举起了步足，来者便吓得连忙走下丝缆。过了一会儿，害怕的劲儿过去了，它又爬了上来，走得更近了些。它这么忐忑不安地来来回回地爬来爬去，正是热恋者的一种求爱的表示。

　　坚持就是胜利。现在，它俩面对面地停住了：胖夫人一动不动，表情严肃凝重，而侏儒则显得十分激动。它竟然胆大包天，竟敢用脚尖去撩拨胖夫人。它也真是太过分了，自己也给吓了一跳，顺着挂在安全带上的垂直线突然坠落下去。这都是顷刻之间发生的事情。现在，侏儒又爬了上来。它心里有数，对方对自己的一再恳求有所让步了。

　　雌蜘蛛在雄蜘蛛的挑逗下，奇怪地跳了开去，用前跗节抓住一根丝，向后连翻了几个跟斗，如同体操运动员在单杠上向后滚翻一样。胖夫人这么一翻，大肚子的下部便呈现在侏儒的面前，后者便用触须去触碰了一下。就这么一下，事情便宣告结束了。侏儒见目的已经达到，便匆匆地逃走，仿佛有复仇女神在身后穷追不舍似的。

侏儒走了，新娘从悬挂丝缆上下来，织好网，准备捕猎。必须吃点东西才会有丝，有丝才能织网捕猎，才能织出安家的茧。因此，在洞房花烛夜，尽管心情激动，新娘却无暇歇息。

隧蜂

　　你了解隧蜂吗？你大概是不了解。这无伤大雅，即使不了解隧蜂，照样可以品味人生的种种温馨甜蜜。然而，只要努力地去了解，这些不起眼的昆虫却会告诉我们许多奇闻趣事，而且，如果我们拓宽一点对这个纷繁的世界的知识面的话，同隧蜂打打交道并不是什么让人鄙夷不屑的事。既然我们现在有空闲的时间，那就了解了解它们吧。它们是值得我们去了解的。

　　怎么识别它们呢？它们是一些酿蜜工匠，体型一般较为纤细，比我们蜂箱中养的蜜蜂更加修长。它们成群地生活在一起，身材和体色又多种多样。有的比一般的胡蜂个头儿要大，有的与家养的蜜蜂大小相同，甚至还要小一些。这么多种多样，会让没经验的人束手无策，但是，有一个特征是永远不会改变的。任何隧蜂都清晰可辨地烙有本品种的印记。

你看看隧蜂肚腹背面腹尖上那最后一道腹环。如果你抓住的是一只隧蜂，那么其腹环则有一道光滑明亮的细沟。当隧蜂处于防卫状态时，细沟则忽上忽下地滑动。这条似出鞘兵器的滑动槽沟证明它就是隧蜂家族之一员，不必再去辨别它的体型、体色。在针管昆虫属中，其他任何蜂类都没有这种新颖独特的滑动槽沟。这是隧蜂的明显标记，是隧蜂家族的族徽。

四月份，工程谨慎小心地开始了，不是一些新土小包的话，外面是一点也看不出来的。外面工地上没有一点动静。工匠们极少跑到地面上来，因为它们在井下的活计十分地繁忙。有时候，这儿那儿，有这么一个小土包的顶端晃动起来，随即便顺着圆锥体的坡面滑落下去，这是一个工匠造成的，它把清理的杂物抱出来，往土包上推，但它自己并没露出地面。眼下，隧蜂只忙乎这种事。

五月带着鲜花和阳光来到了。四月里的挖土方的工人现在变成了采花工。我无论何时都能够看见它们待在开了天窗的小土包顶上，个个浑身都沾满黄花粉。个头儿最大的是斑纹蜂，我经常看见它们在我家花园小径上筑巢建窝。我们仔细地观察一下斑纹蜂。每当储存食物的活计干起来的时候，总会不知从何处突然来了这么一位吃白食者。它将让我们目睹强抢豪夺是怎么回事。

　　五月里。上午十点钟左右，当储备粮食的工作干得正欢时，我每天都要去察看一番那人口稠密的昆虫小镇。我在太阳地里，坐在一把矮椅子上，弓着腰，双臂支膝，一动不动地观察着，直到吃午饭时为止。引起我注意的是一个吃白食者，是一种叫不上名字的小飞虫，但却是隧蜂的凶狠的暴君。

　　这歹徒有名字没有？我想应该是有的，但却并不太想浪费时间去查询这种对读者来说并没多大意义的事情。花时间去弄清枯燥的昆虫分类词典上的解说，倒不如把事实清楚明白地叙述给读者。我只须简略描绘一下这个罪犯的体貌特征就可以了。它是一种身长五毫米的双翅目昆虫，眼睛暗红，头部为白色，胸廓深灰，上有五行细小黑点，黑点上长着后倾的纤毛，腹部呈浅灰色，腹下苍白，爪子系黑色。

　　在我所观察的隧蜂天敌中，它的数量很多。它常常蜷缩在一个地穴附近的阳光下静候着。一旦隧蜂收获归来，爪上沾满黄色花粉，它便冲上前去，尾随隧蜂，前后左右飞来转去，紧追不舍。最后，隧蜂突然钻入自家洞中，这双翅目食客也随即迅疾落在洞穴入口附近。它一动不动，头冲着洞口，等待着隧蜂干完自己的活计。隧蜂终于又露面了，头和胸廓探出洞穴，在自家门前停留片刻。那吃白食者仍旧纹丝不动。它们常常面对面，间隔不到一指宽。双方都声色不动。隧蜂没有戒备伺机偷食的食客，至少，其外表之平静让人做如是想；而食客也丝毫没有担心自己的大胆行为会受到惩罚。面对一根指头就能把它压扁的巨人，这个侏儒却仍旧岿然不动。

　　我本想看到双方有哪一方表现出胆怯来，但却未能如愿：没有任何迹象表明隧蜂已知自己家里有遭到打劫之虞；而食客也没有流露出任何会遭到严厉惩处的担心。打劫者与受害者双方只是互相对视了片刻而已。

　　巨大的宽宏大量的隧蜂只要自己愿意，就可以用其利爪把这个毁其家园的小强盗给开膛破肚了，可以用其大颚压碎它，用其螫针扎透它，但隧蜂压根儿就没这么干，任由那个小强盗血红着眼睛盯住自己的宅门，一动不动地待在旁边。隧蜂表现出这种愚蠢的宽厚到底是为什么呢？隧蜂飞走了。小飞蝇立刻飞进洞去，像进自己家门似的大大方方。现在，它可以随意地在储藏室里挑选了，因为所有的储藏室都是敞开着的；它还趁机建造了自己的产卵室。在隧蜂归来之前，没有谁会打扰它。让爪子沾满花粉，胃囊中饱含糖汁，是件颇费时间的活计，而私闯民宅者要干坏事也必须有充裕的时间。但罪犯的计时器非常精确，能准确地计算出隧蜂在外面的时间。当隧蜂从野外返回时，小飞蝇已经逃走了。它飞落在离洞穴不远的地方，待在一个有利位置，瞅准机会再次打劫。

万一小飞蝇正在打劫时，被隧蜂突然撞见，会怎么样呢？出不了大事的。我看见一些大胆的小飞蝇跟随隧蜂钻入洞内，并待上一段时间，而隧蜂则正在调制花粉和蜜糖。当隧蜂制作甜面团时，小飞蝇尚无法享用，于是它便飞出洞外，在门口等待着。小飞蝇回到太阳地里，并无惧色，步履平稳，这就明显地表明它在隧蜂工作的洞穴深处并未遇到什么麻烦事。

如果小飞蝇太性急，太讨厌，围着糕点转个不停，后颈准会挨上一巴掌，这是糕点主人会有的举动，但仅此而已。盗贼与被偷盗者之间没有凶狠的打斗。这一点，从侏儒步履平稳、安然无恙地从忙着干活儿的巨人洞穴出来的样子就可以看得出来。

当隧蜂无论满载而归或一无所获地回到自己家中时，总要迟疑片刻；它迅速地贴着地面前后左右地飞上一阵。它的这种胡乱飞行让我首先想到的是，它在试图以这种凌乱的轨迹迷惑歹徒。它这么做确实是必要的，但它似乎并没有那么高的智商。

它所担心的并非敌人，而是寻找自家宅门时的困难，因为附近的小土包一个又一个，相互重叠，昆虫小镇又街小巷窄，再加上每天都有新的杂物被清理出来，小镇面貌日日有变。它的犹豫不决明显可见，因为它经常摸错了门，闯到别人家中。一看到门口的细微差异，它立刻知道自己走错门了。

　　于是，它重又努力地开始弯来绕去地探查，有时突然飞得稍远一点。最后终于摸到自家宅穴。它喜不自胜地钻了进去，但是，不管它钻得有多快，小飞蝇还是待在其宅门附近，脸冲着其门口，等待着隧蜂飞出来后好进去偷蜜。

　　当屋主又出了洞门时，小飞蝇则稍稍退后一点，正好留出让对方通过的地方，仅此而已。它干吗要多挪地方呀？二者相遇是如此相安无事，所以如果不知道一些其他情况的话，你是想不到这是窃贼与屋主间的狭路相逢。

　　小飞蝇对隧蜂的突然出现并没有惊慌失措，它只是稍加小心了点而已。同样，隧蜂也没在意这个打劫它的强盗，除非后者跟着它飞，纠缠于它。这时，隧蜂一个急转弯就飞远了。

　　吃白食者此刻也处于两难境地。隧蜂回来时甜汁在其嗉囊中，花粉沾在爪钳里，甜汁盗贼吃不着，花粉尚无定型，是粉末状的，也进不了口。再者，这一点点花粉也不够塞牙缝的。为了集腋成裘制成圆面包，隧蜂要多次外出去采集花粉。必需材料采集齐备之后，隧蜂便用大颚尖掺和搅拌，再用爪子将和好的面团制成小丸。如果小飞蝇把卵产在做小丸的材料上，经这么一番揉捏，那肯定是完蛋了。

　　所以，小飞蝇的卵是产在做好的面包上面的，因为面包的制作是在地下完成的，吃白食者就必须进入隧蜂的洞宅之中。

小飞蝇贼胆包天，果真钻下去了，即使隧蜂身在洞中也全然不顾。失主要么是胆小怕事，要么是愚蠢的宽容，竟然任窃贼自行其是。

小飞蝇悉心窥探、私闯民宅的目的并不是想损人利己，不劳而获；它自己就可以在花朵上找到吃的，而且并不费事，比这么去偷去抢要省劲儿得多。我在想，它跑到隧蜂洞中也就是想简单地品尝一下食物，知道一下食物的质量如何，仅此而已。它唯一的要事就是建立自己的家庭，它窃取财富并非为了自己，而是为了自己的后代。

我们把花粉面包挖出来看看，会发现这些花粉面包经常是被糟蹋成碎末状，白白地浪费了。散落在储藏室地板上的黄色粉末里，我们会看见有两三条尖嘴蛆虫蠕动着——那是双翅目昆虫的后代。有时与蛆虫在一起的还有真正的主人——隧蜂的幼虫，但却因吃不饱而孱弱不堪。蛆虫尽管不虐待隧蜂幼虫，但却抢食了后者最好的食物。隧蜂幼虫可怜兮兮，食不果腹，身体每况愈下，很快便一命呜呼了。其尸体变成了微小颗粒，与剩下的食物混在一起，成了蛆虫的口中之物。

可隧蜂妈妈在孩子遭难之时在干什么呢？它随时都有空去看看自己的宝宝的，它只要探头进洞，便可清楚地知晓孩子们的惨状。圆面包糟蹋一地，蛆虫在钻来钻去，稍看一眼就全清楚是怎么回事了。那它非把窃贼子孙弄个肚破肠流不可！用大颚把它们咬碎，扔出洞外，简直是轻而易举的事。可是愚蠢的妈妈竟然没有想到这么做，反而任由鸠占鹊巢者逍遥法外。

　　随后，隧蜂妈妈干的事更加愚蠢。成蛹期来到之后，隧蜂妈妈竟然像封堵其他各室一样把被洗劫一空的储藏室用泥盖封堵严实。这最后的壁垒对于正在变形期的隧蜂幼虫来说是绝妙的防护措施，但是当小飞蝇来过之后，你这么一堵，那可是荒唐透顶了。隧蜂妈妈对这种荒唐之举却毫不犹豫，这纯粹是本能使然，它竟然还把这个空房给贴上封条。我之所以说是空房，是因为狡猾的蛆虫吃光了食物之后，立即抽身潜逃了，仿佛预见到日后的小飞蝇会遇到一道无法逾越的屏障似的。在隧蜂妈妈封门之前，它们就已经离开了储藏室。吃白食者既卑鄙狡诈，又小心谨慎。所有的蛆虫都会放弃那些黏土小屋，因为这些小屋一旦堵上，那它们就会葬身其间。黏土小屋的内壁有波状防水涂层，以防返潮，小飞蝇的幼虫表皮很敏感娇嫩，似乎对这种小屋倍感舒适，是其理想的栖身之地，然而蛆虫却并不喜欢。它们担心一旦变成小飞蝇，却被困在其中，所以便匆匆离去，分散在升降井附近。

　　我挖到的小飞蝇确实都在小屋外面，从未在小屋里面见过它们。我发现它们一个一个都挤在黏土里的一个窄小的窝儿内，那是它们还是蛆虫时移居到此后营建的。来年春天，破土期来临时，成虫只须从碎土中挤出去就能到达地面了，这一点儿也不困难。

吃白食者的这种迫不得已的搬迁还有另一个十分重要的原因：七月里，隧蜂要第二次生育，而双翅目的小飞蝇则只生育一次，其后代此时尚处于蛹的状态，只等来年变为成虫。采蜜的隧蜂妈妈又开始在家乡小镇忙着采蜜；它直接利用春天建筑的竖井和小屋，这可大大地节约了时间！精心构筑的竖井房舍全都完好如初，只需稍加修缮便可交付使用。

如果生来喜欢干净的隧蜂在打扫屋子时发现一只蝇蛹，会怎么样呢？它会把这个碍事的玩意儿当作建筑废料似的给处理掉。它会把这玩意儿用大颚夹起，也许把它夹碎，搬到洞外，扔进废物堆中。蝇蛹被扔到洞外，任凭风吹日晒，必死无疑。

我很钦佩蛆虫的明智预见，不求一时之欢快，而谋未来的安然无恙。有两个危险在威胁着它：一是被堵在死牢中，即使变成飞蝇也无法飞出去；二是在隧蜂修缮宅子后清扫垃圾时把它一块儿扔到洞外，任凭风吹雨打，抛尸野外。为了逃避这双重的灾难，在屋门封堵之前，在七月里隧蜂清扫洞宅之前，它便先行逃离险境。

我们现在来看一看吃白食者后来的情况。在整个六月里，当隧蜂休闲的时候，我对那昆虫众多的昆虫小镇进行了全面的搜索，总共有五十来个洞穴。地下发生的惨案没有一件逃得过我的眼睛。我们一共四个人，用手把洞里挖出的土过筛，让土从手指缝中慢慢地筛下去。一个人检查完了，另一个人再重新检查一遍，然后第三个人、第四个人再进行两次复检。检查的结果令人心酸。我们竟然没有发现一只隧蜂的虫蛹，一只也没有。这隧蜂密集于此的街区，居民全部丧生，被双翅目昆虫取而代之。后者呈蛹状，多得无以计数，我把它们收集起来，以便观察其进化过程。

它们是一些具有潜在生命力的种子。七月的似火骄阳无法把它们从沉睡中烤醒。在这个隧蜂第二代出生期的月份中，好像上帝颁发了一道休战圣谕：吃白食者停工休整，隧蜂和平地劳作。如果敌对行动接二连三，夏天同春天时一样大开杀戒，那么受害太深的隧蜂也许就要绝种了。第二代隧蜂有这么大一段休养生息期，生态的平衡也就得以保持了。

四月里，当斑纹隧蜂在围墙内的小径上飞来飞去，寻找一个理想地点挖洞建巢时，吃白食者也在忙着化蛹成虫。啊！迫害者与受迫害者的历法是多么的精确，多么的令人难以置信呀！隧蜂开始建巢之时，小飞蝇也已准备就绪：它那以饥饿之法消灭对方的故技又重新开始了。

　　如果这只是一个孤例，我们就不用去注意它了：多一只隧蜂少一只隧蜂对生态平衡并不重要。可是，不然！以各种各样的方式进行杀戮抢掠已经在芸芸众生中横行无度了。从最低等的生物到最高等的生物，凡是生产者都受到非生产者的盘剥。以其特殊地位本应超然于这些灾难之外的人类本身，却是这类弱肉强食的残忍表现的最佳诠释者。人在心中想："做生意就是弄别人的钱。"正如小飞蝇心里所想："干活就是弄隧蜂的蜜。"

　　为了更好地抢掠，人类创造了战争这种大规模屠杀和以绞刑这种小型屠杀为荣的艺术。人们每个星期日在村中小教堂里唱诵的那个崇高的梦想："荣耀归于至高无上的上帝，和平归于凡世间的善良百姓！"我们将永远也看不到它会实现。如果战争关系到的只是人类本身，那么未来也许还会为我们保留和平，因为那些慷慨大度的人在致力于和平。但是，这灾祸在动物界也极度肆虐，而动物是冥顽不化的，是永远不会讲道理的。既然这种灾祸是普遍现象，那也许就是无法治愈的绝症了。未来的生活令人不寒而栗，将会如同今日之生活一样，是一场永无休止的屠杀。

　　于是，人们便挖空心思，终于想象出来一个巨人，能把各个星球把玩于股掌之中。他是无坚不摧的力量的化身，他也是正义和权力的代表。他知晓我们在打仗、杀戮、放火，野蛮人在获得胜利；他知晓我们拥有炸药、炮弹、鱼雷艇、装甲车以及各种各样的高级杀人武器；他还知晓包括百姓在内的因贪婪而引起的可怕的竞争。那么，这位正义者，这位强有力的巨人，如果他用拇指按住地球的话，他会犹豫着不把地球按碎吗？

　　他不会犹豫的，但他会让事物顺其自然地发展下去的。他心中也许会想："古代的信仰是有道理的；地球是一个长了虫的核桃，被邪恶这只蛀虫在啃咬。这是一种野蛮的雏形，是朝着更加宽容的时代发展的一个艰难阶段。我们顺其自然吧，因为秩序和正义总是排在最后的。"

隧蜂门卫

　　初春时节由孤独的隧蜂单独挖好的住所，到夏季来临时便成了全家人的共同财产。地下有将近一打的蜂房，可从这些蜂房里出来的全是雌蜂，这是我饲养的那三种隧蜂的共同规律。它们每年繁殖两代：春天出生的一代全是雌蜂；而夏季出生的一代则有雌有雄，且雌雄数量几乎相等。

　　隧蜂家庭成员的减少，并非因事故所致，而是由饥不择食的小飞蝇造成的。隧蜂全家有一打姐妹（只是姐妹），个个勤劳，人人都能无须性伙伴而生儿育女。另外，隧蜂妈妈的住处绝不是一间破屋陋室，其住宅的主要部分是出入通道，清除一点瓦砾之后就可以进出。这就节省了对于隧蜂而言极其宝贵的时间。洞底的蜂房是一些黏土小屋，也几乎完好无损，如要加以利用，只需用细毛刷轻轻清理一下即可。

那么，在有同等权利的幸存的雌蜂中，谁将继承这所住宅呢？根据死亡的概率，继承者应有六七只或更多一点。隧蜂妈妈的住宅将属于谁呢？它们之间根本不为这事争吵。妈妈的宅子被认为是共有财产，这是无可争议的。隧蜂姐妹们从同一个通道平静地钻进钻出，去忙各自的活计，从不你争我夺。

在井的底部，每个隧蜂姐妹都有自己的一小块领地，那是新近挖好的一个个蜂房，因为旧的蜂房已被占用，现在数量不够用了。在这些属于私产的凹室里，每个隧蜂妈妈都在一旁干活儿，看守着自己的财产，严守自己的隐私。其他的地方全都是可以自由往来的。

隧蜂忙着干活儿时进进出出的景象煞是好看。一只采花粉的雌蜂从田野归来，毛茸茸的爪子上沾满了花粉。如果洞门无蜂进出，它便立刻钻进地下去。在门口稍停片刻纯属浪费时间，而活儿不等人。有时候，有好几只间隔不久，相继而来。

通道太狭窄，容不下两只同时进出，特别是要避免相互摩擦，蹭掉了各自爪子上的花粉，于是离洞口最近的就赶快钻入。其他的隧蜂则在门口按先后次序排好，不挤不拥，等着轮到自己进入。第一只一钻入地下，第二只便紧随其后，然后第三只、第四只，一只一只地敏捷地跟着钻入地下。

有时候会遇到一只要进一只要出的情况。于是，要进去的便稍往后退，礼让要出的先出来。礼让是相互间的。我就看见过有一些隧蜂正要钻出地面，又返回去，让出通道给刚飞回来的隧蜂。通过大家的相互谦让，大家进进出出反而非常顺畅。

我们再仔细地观察，还有比这种进出的良好秩序更好的哩。当一只隧蜂在花间采集归来时，我看见一种活门突然降了下去，让通道可以通行。当到来的隧蜂一钻进门里，活门又升回到原先的位置，几乎与地面水平，又关上了。有隧蜂出来，活门也同样操作。活门从后面推顶，往下降去，门就开启，隧蜂便可飞出。隧蜂一飞出来，门又重新关上。

这个在隧蜂每次飞进或飞出时在井坑圆柱体内像活塞似的或升或降、或开或闭的活门到底是什么东西？这是一只隧蜂在操控，它已成了宅子的看门人。它用自己的大脑袋在前厅上面形成一道无法逾越的障碍。如果宅子里有谁要进来或出去，它就拉动绳子，也就是说，它就退至通道的一处较宽、可以容下两只隧蜂的地方。对方通过之后，它便立即回到洞口，用脑袋把门口堵住。它一动不动，用目光搜索着，只有在抓捕那些不知趣的家伙时它才离开自己的岗位。

我们趁它飞出来抓捕的这一短暂时刻仔细观察一番。它看上去与其他现在正忙着采集花粉的隧蜂一模一样，不过，它已秃顶，衣服破旧，已无光泽。在其半脱毛的背部，漂亮的褐色与棕红相间的斑马纹腰带几乎丧失殆尽。它的这身因长期干活而破损的衣服明白无误地告诉了我们一些情况。

在洞口站岗放哨看门守屋的这只隧蜂比其他的隧蜂年岁大。它是这个住宅的建造者，是现在正在忙着采集花粉的隧蜂姐妹们的妈妈，是现在还是幼虫的隧蜂们的外婆。三年前，当它还是个花季少女时，它单枪匹马地拼命干活儿，累得精疲力竭。现在，它的卵巢已经萎缩，它该休息了。不，"休息"一词属于用词不当。它还在干活儿，它在为这个家尽自己的绵薄之力。它已经不能再生儿育女，便当上了看门人。它为自己家人开门关门，把陌生人拒之门外。

谨慎多疑的山羊羔从门缝望出去，对狼说道："让我看看你的爪子，不然我就不开门。"隧蜂外婆同样谨慎多疑，它也要对来者说道："让我瞧瞧你的隧蜂黄爪子，不然就不让你进来。"如果被认为并非自家人，谁也甭想进得洞来。

我们就来看看。一只蚂蚁路过洞穴附近。蚂蚁是个厚颜无耻的亡命徒，它很想知道洞底下为何有蜜的甜香味飘上来。隧蜂看门人脖子一扭，意思是说："滚开，不然要你的命！"通常，这种威吓的动作就足够了。蚂蚁见状赶紧走开。如果它赖着不走，隧蜂看门人便会飞出洞来，向那大胆狂徒扑过去，推搡它，驱赶它。把它赶跑之后，隧蜂看门人便立刻回到哨位，继续站岗放哨。

现在我们来谈谈切叶蜂。切叶蜂不谙挖洞技巧，便学着同胞的样儿，使用一些别的蜂留下的旧通道。当春天的小飞蝇把隧蜂的地下通道掏得空空荡荡的时候，这通道对于切叶蜂来说就很合适了。切叶蜂在寻找一处可以堆放其用刺槐叶制作的羊皮袋形状的住所时，经常绕着我的隧蜂小镇飞来飞去，寻寻觅觅。它觉得有一个洞穴挺合适的；但是，在它落地之前，它的嗡嗡声已经被隧蜂看门人察觉了，只见后者突然飞出，在其门口做了几个手势。这就够了，切叶蜂立刻就明白了，赶紧离去。

有时候，切叶蜂还有时间迅疾落下，将头探入井口。隧蜂看门人立即出现，脑袋稍稍抬起，把洞口堵住。随即出现一种不太严重的对峙。外来者很快便明白这个洞穴已经有主儿了，不可冒犯，也就不再坚持，到别处寻觅住所了。

我曾亲眼看到一个老窃贼——切叶蜂的寄生虫媚态尖腹蜂，被猛烈地推搡了一阵。这个冒失鬼原以为自己钻入的是切叶蜂的住所。它弄错了，它遇上了隧蜂看门人，受到了严厉的惩戒。它赶忙溜之大吉。其他的那些或因忙中出错，或因野心勃勃而欲闯入隧蜂洞穴的昆虫也遭到了同样的对待。

在隧蜂外婆们之间，也是同样地互不相容。将近七月中旬，当隧蜂小镇热闹繁忙的时候，有两种隧蜂是很容易辨认的：年轻的隧蜂妈妈和隧蜂老媪。隧蜂妈妈数量更多，体轻身健，衣着鲜艳，不停地从田野到洞穴、从洞穴到田野地飞来飞去。而隧蜂老媪则面容枯槁，无精打采，懒散地从一个洞穴逛到另一个洞穴，让人看着好像是迷失了路径，摸不着自己的家门了。它们这么游来荡去的是怎么回事？我看见它们一个个都一副伤心痛苦状，由于春天的可恶的小飞蝇干的好事，它们已无家可归了。很多洞穴全部被扫荡一空。夏季来临，隧蜂妈妈孤身一人，只好离开自己那已成空房的家屋，去寻找一处有摇篮须看护、有岗要站的住宅。但是，这些幸福的家庭已经有了自己的守卫，亦即其创建者，它紧把着自己的权利，对于自己无业的邻居十分冷漠。一个哨兵足矣；两个哨兵的话，哨位太小，容纳不下。

　　有时候我还能看到两位隧蜂外婆在争吵。当寻找职业的游荡者突然来到大门前的时候，合法的那位看守者并不离开自己的哨位，不像见到自己的孩子从田野回来那样，退回到过道里。它绝不让出通道，并用爪子和大颚进行威胁。对方也不示弱，仍旧想要闯入。双方便推搡起来，争斗以外来者的失败而告终；失败者只好去别处找碴儿寻衅了。

　　这些小场景让我们从斑马纹隧蜂的习性中隐约看到某些极有意思的细节：春季筑巢做窝的隧蜂妈妈一旦工程完工，就不再走出家门。它要么隐于狭小肮脏的洞穴深处，一心一意地干些琐碎的家务活儿，要么懒洋洋地等待着孩子们的出世。夏日炎炎，隧蜂小镇又一片繁忙热闹时，外面采集的活儿用不着它去干，只好在前厅入口处站岗放哨，只许自己外出劳作的孩子们进入，不许别有用心的歹徒有非分之想。没有隧蜂外婆的许可，谁也甭想入内。

没有任何迹象表明，这个警惕的门卫擅离过职守。我从未见过它离开家门，去花间大快朵颐，以恢复体力。它年事已高，而且其看家护院的活儿也不是很累，也许就用不着吃什么东西。也许孩子们采集归来，时不时地从自己的胃囊中吐出一点儿来给它。不管吃与不吃，反正是隧蜂外婆不再出门了。

但是，它却需要有天伦之乐。它们当中有不少已无家庭欢乐了，双翅目小飞蝇把它们的家洗劫一空。被洗劫者们只好放弃那已空空荡荡的洞穴。衣衫褴褛、忧心忡忡地在隧蜂小镇四处游荡的正是它们。它们并不走远，更经常的是待在原地一动不动。它们因而变得脾气暴躁，粗暴地对待他人，竭力赶走别人。它们就这样一天一天地变少，最后绝迹。它们的下场是什么？小灰蜥蜴一直在窥伺着它们，拿它们饱了口福。

那些安居于自己领地中、看守着自己的孩子们劳作的制蜜作坊的隧蜂，始终保持着高度的警惕，一丝不苟。我同它们接触越多，就愈发地钦佩它们。清晨凉爽时，采集花粉的隧蜂们因找不到被太阳晒熟的花粉而闭门不出的时候，我就看见隧蜂门卫待在通道上端入口的自己的岗位上。它们一动不动地待在那儿，脑袋堵住入口，与地面持平，以防外来者侵入。如果我离得太近地观察它们，它们就稍稍后退，在暗处等着我这个不速之客离去。

上午八点至十二点，采集高峰期时，我又来观察。由于采集女工们进进出出，一片繁忙，我就看见那扇门一会儿开一会儿关的，忙个不停。这时是隧蜂门卫最紧张最累的时刻。

午后，天气太热，花粉采集工们不再去田间野地里了。它们钻进住宅底部，油漆新建的蜂房，制作供虫卵所需的圆面包。隧蜂外婆始终留在上面，用自己那光秃秃的脑袋堵住大门。即使天气再热，门卫也不能午睡，因为必须保证全家人的安全。

夜幕降临或者更晚一些，我又回来观察。我凭借提灯的光亮又看到隧蜂门卫仍旧如白天一样忠于职守。其他的隧蜂都休息了，而门卫却没有，它明显是在担心夜间会出现危险，而这些危险只有它才了解。那么它最后会不会回到下一层的安静处去呢？有这种可能，因为这么长时间全神贯注地看家护院非常累人，必须休息休息。

很明显，如此这般地守卫着的洞穴就可以避免类似于五月那使家庭大量减员的灾祸的发生。让盗窃隧蜂面包的窃贼小飞蝇现在来试试看！它的冥顽不化，它的大胆妄为绝逃不过时刻高度警惕着的门卫的，后者稍加威胁就能吓退来犯者，要是来犯者执意不走，那它非用大钳把来犯者夹碎不可。窃贼小飞蝇将不会来了，个中原委我们很清楚，因为到春回大地之前，它们都待在地下，处于蛹的状态。

但是，就算小飞蝇没了，可在蝇科这种低下层次生物中，还有其他一些攫取他人财富者。这些家伙什么坏事都干得出来，无所不用其极。可是，七月里，我在各个洞穴附近查看时就一个都没有撞见。这帮混账东西真是暗中偷盗的高手！它们多么了解隧蜂门口有门卫在把守着啊！对于它们来说，今天是没有机会了，所以一只蝇科昆虫都未出现，春天的那种灾祸未再降临。

隧蜂外婆因年岁大而免除了做母亲的烦恼，专司大门守卫、保护全家老小安全之职，这告诉我们在本能起源中突然出现的一些事。隧蜂外婆向我们展示了一种突然而至的才能。而这种才能，无论是在它自己过去的行为举止中，还是在它女儿们的一举一动中都没有任何东西是我们能够猜测出来的。

从前，当凶残的小飞蝇当着它的面闯入家中时，或者更经常的是，当小飞蝇待在入口处，与它面面相对时，愚蠢的隧蜂竟然一动不动，甚至连吓唬一下这个红眼强盗都没有，而它本可以轻易地就把这个小侏儒制服的。它这是被吓住了吗？不是的，因为它仍然像没事似的忙着自个儿的事；不会的，因为强者不会就这么被弱者吓倒的。这是因为它对大祸临头一无所知，这是因为它愚不可及。

可是今天，这个三个月前还愚昧无知的隧蜂无师自通地非常了解危险之所在了。任何外来者，只要一出现，无论个儿大个儿小，无论属于哪一种属，一概拒之门外。如果肢体的威吓无济于事的话，隧蜂门卫就会跑出洞外，向赖着不走者扑过去。原先的胆小者现在无所畏惧了。

怎么会有这种一百八十度的大转弯呢？我倒是希望这是因为隧蜂吸取了春天灾难的教训，从今往后便开始提防危险了；我也很想赞扬它是受到经验教训的启迪转而学会担当门卫的重任。但是，我这种想法是错误的。如果说隧蜂是由于一点点的进步，终于学会了安排一个门卫来看家护院的话，那又怎么会对窃贼的担心时有时无呢？五月时节，它单枪匹马，的确无法长期把守大门：首要的是要干家务活儿。但是，自它的家族遭受迫害时起，它至少是应该了解这种寄生虫——小飞蝇，而且当后者每时每刻几乎都在自己的脚前爪下转悠时，甚至跑到自己的家中来时，它至少应该把窃贼赶走才对，但它并没有这么做。

所以，祖辈的深重苦难并没有给后代的平和性格留下任何本质的改变，而它亲身经历过的苦难与它七月里突然的警觉也毫不相干。动物与我们人一样，有自己的欢乐，也有自己的不幸。它疯狂地享受着欢乐，却很少去操心不幸之事，这不管怎么说，是动物享受生活的最佳方法。为了减轻苦难和保护家族，动物有本能的启迪，用不着凭什么经验或教训，隧蜂因此而知道设立一个门卫之职。

粮食准备充足之后，隧蜂便不再外出去采集花粉，也不再满载花粉而归，可这时候，隧蜂外婆仍一如既往地保持着警惕，坚守自己门卫的岗位。最后的准备工作就在地下洞穴中进行，那关系到一窝小隧蜂。各个蜂巢关闭了起来。直到所有的一切全部结束之前，洞口大门将始终严密地把守着。然后，隧蜂外婆和隧蜂妈妈将离开家屋。它们毕生忠于职守，将去往我不知道的什么地方默默地死去。

自九月起，第二代隧蜂便出现了，既有雌蜂，也有雄蜂。